在危机中寻求新的突破

在全球经济一体化的趋势下，全世界所有的建筑活动都受到经济的影响。席卷全球的金融危机对世界建筑业产生巨大冲击，中国建筑业也面临严峻挑战。中国建筑业受海外建筑市场萎缩、多种货币急剧贬值、人民币升值、回收工程款难度上升等因素影响,国际工程承包业务受到很大冲击;从国内方面看,虽然政府加大了投资力度,不断推出拉动需求的各项措施,但经济增速放缓已成定势,房地产市场持续低迷,建筑市场也面临种种困难。在这样的大背景下,由原来市场需求旺盛所不为人们重视的中国建筑业原本存在的一些问题在这次金融危机中暴露得更加明显。《建造师》13结合当前国际、国内政治经济形势,推出"金融危机对中国建筑业的影响及对策"一文,分析这场危机到底对中国建筑业的影响有多深,中国建筑业的主要问题是什么,以及该如何应对这场危机,并在危机中寻求新的发展机遇。

在市场对资源的配给发挥越来越重要作用的今天,维护国家的经济安全已经不再仅仅是政府的事情。作为经济细胞的广大企业,在国际化的时候也需要努力保护国家经济安全,以实现自身利益与国家利益的和谐统一,尤其是作为国际承包商，如何实现中国经济与东道国经济的互利共赢？"保护国家经济安全,延展企业国际化道路"一文与您共同探讨。

由英国皇家特许建造学会(CIOB)中国区主办的"CIOB标准在北京奥运建设中的最佳实践"论坛在北京开幕,第五届CIOB中国全体会员大会同期举行。在北京奥运会和残奥会备受关注的"鸟巢"、"水立方"、"首都机场T3航站楼"、"央视新台址"等诸多工程项目备受瞩目,其设计施工、资金运作也成为人们关注的焦点。《建造师》13推出"北京首都机场T3航站楼的设计管理"、"成本如何最大程度转化为资本——浅析'鸟巢'项目法人合作方投票风险防范"等文章供业内人士参考。

《建造师》13对原栏目进行了调整,针对建造师的工作内容增加了成本管理、质量管理等内容。"案例分析"力求对项目做全方位的分析,并加注专家的点评,供广大建造师借鉴。

图书在版编目(CIP)数据

建造师 13/《建造师》编委会编. — 北京：中国建筑工业出版社，2009
ISBN 978-7 - 112 - 10823-7

Ⅰ.建 ... Ⅱ.建 ... Ⅲ.建造师 — 资格考核—自学参考资料 Ⅳ.TU

中国版本图书馆 CIP 数据核字(2009)第038874号

主　　编：李春敏
特邀编辑：杨智慧　魏智成　白　俊

《建造师》编辑部
地址：北京百万庄中国建筑工业出版社
邮编：100037
电话：(010)68339774
传真：(010)68339774
E-mail：jzs_bjb@126.com
　　　68339774@163.com

建造师 13
《建造师》编委会　编
*
中国建筑工业出版社出版、发行(北京西郊百万庄)
各地新华书店、建筑书店经销
北京朗曼新彩图文设计有限公司排版
世界知识印刷厂印刷
*
开本：787×1092毫米　1/16　印张：7½　字数：250千字
2009年4月第一版　　2009年4月第一次印刷
定价：**15.00** 元

ISBN 978-7 - 112 - 10823-7
(18072)

政策法规

热点关注

特别关注

案例分析

项目管理

安全管理

成本管理

质量管理

工程法律

海外巡览

建造师风采

国家标准图集应用

建造师论坛

信息博览

本社书籍可通过以下联系方法购买：
本社地址：北京西郊百万庄
邮政编码：100037
发行部电话：(010)58934816
传真：(010)68344279
邮购咨询电话：
(010)88369855 或 88369877

《建造师》顾问委员会及编委会

刘宇昕同志谈二级建造师考试工作

日前，住房和城乡建设部在福州邀请各省、自治区、直辖市建设行政主管部门和部注册中心的同志，召开二级建造师考试工作座谈会。座谈会主题是二级建造师考试的命题和组织工作回归地方负责。考虑到各地经济发展状况、组织实施能力的原因，有部分地区可能存在一些困难，座谈会的内容主要就是各地如何把这项工作做好，如何把考试组织好。建筑市场监管司副司长刘宇昕谈了以下几点意见：

一、已经进行的4次二级建造师考试基本达到了预期目标

2002年人事部、建设部颁布的《建造师执业资格制度暂行规定》(人发[2002]111号)中已经清楚界定，二级建造师的考试命题和考试组织工作由各地自行组织实施。但由于建造师制度建立初始，地方缺乏命题方面的经验，能力、经济实力存在一些问题，在听取各地的意见后，我们采取了统一命题考试的方式作为临时过渡性的办法，为此，2005年我们在杭州专门召开会议，对考试科目、时间安排等相关工作的具体实施办法进行了研究，达成了共识。按照这个过渡性考试办法，我们完成了4次二级建造师考试，达到了预期目标。为满足企业和社会的迫切需求，部里和地方齐心协力，将建造师的考试、考核等执业资格制度建立了起来，对尽快建立一批有素质的二级建造师队伍起到了重要作用。

但是，按照现在的情况分析，从整个建造师制度完善的角度看，这种临时过渡性的方法需要回归。主要原因：一是考试是建造师执业制度中的一个重要的环节，二级建造师的考试、注册等管理权限都在各地行政主管部门，我们不能单独将考试环节从整个二级建造师执业制度中单独划分出来，从长期发展及规范化管理角度看，部里不能长期代办二级建造师考试工作。二是要体现事权的划分原则，在认真学习科学发展观的背景下，我们要积极转变政府职能，哪些是国家建设行政主管部门负责的，哪些是省级建设行政主管部门负责的，需要明确事权边界和职能分工，按照既定分工做工作。三是如果继续按照原来的过渡办法组织实施考试工作，部里工作量大、责权利不清，考试管理责任不明确。四是各地经济发展不平衡、行业从业人员水平有一定的差距，在统一大纲的基础上，要允许各地有所差别，全国统一考试、统一分数标准很难适用各地的情况。五是建造师的数量已经达到了相当的规模，当初对建造师需求的急迫性大大减少。对建造师需求的急迫性主要是出于企业资质的要求，特级企业资质标准两年前已经发布，目前我们正在修订的一级及以下建筑业企业资质标准，就目前已经具备建造师的人员数量看，从总体上讲，已经基本满足，今后建造师的需求压力将会减小，将会由企业的急迫行为开始向个人执业要求转变。

二、今年及以后二级建造师考试工作由各省、自治区、直辖市自行组织

经过认真研究和分析，我们认为：一是经过4次二级建造师考试，目前各地有关部门已经积累一定的工作经验，大部分地区已经具备了自己命题并组织考试的能力。二是全国各地的情况差异较大，应在一个大纲的框架内允许各地有一定的差别。三是原来担心的二级建造师的流动问题，看起来并没有因为统一考试得到很好的解决。

因此，按照深入学习实践科学发展观的要求，为了建立责权清晰的建造师执业制度，我司决定，今年及以后的二级建造师考试工作，按照《建造师执业资

格制度暂行规定》的要求,实行全国统一大纲,各省、自治区、直辖市命题并组织考试的制度,各省、自治区、直辖市按照国家确定的考试大纲和有关规定,在本地区组织实施二级建造师执业资格考试,包括考试的命题、考试的组织等工作。我部除继续负责建造师执业资格考试相关政策的制订以及拟定二级建造师执业资格考试的大纲外,不再具体组织二级建造师的执业资格考试,也不再提供各科目考试合格线参考标准。

三、各地要高度重视,切实做好二级建造师考试的各项工作

各地要严格按照《建造师执业资格制度暂行规定》的要求,本着为考生服务、为行业服务的原则,认真履行职责,高标准、严要求,结合本地区实际情况,切实做好二级建造师考试的各项工作。我要特别强调几点:一是各地要以高度的责任心做好这项工作,精心组织、周密安排,确保考试各项工作顺利进行。二是二级建造师执业资格考试虽然由各地区自行组织,但是它仍然是原建设部、人事部两部共同确定的一项严肃的执业资格考试,各地在具体实施过程中要做到政策统一、考试大纲统一、报考条件统一,使通过考试取得证书的人员达到二级建造师的执业能力要求。三是坚持考试与培训分开、应考人员自愿参加培训的原则。凡参与考试工作的人员,不得参加考试和与考试有关的培训工作。四是严格执行考试工作的有关规章和制度,遵守保密制度,严防泄密。这点我要重点强调一下,2007年度的一级建造师考试出现地方涉及考试的工作人员盗卖试卷导致试题泄密事件,全国有1.1万份试卷涉嫌作弊雷同,涉及范围广、危害程度深、社会影响坏,给社会增加了不稳定因素,也导致了2008年度的一级建造师考试没有进行,影响众多考生的切身利益。因此,我们必须高度重视考试保密工作的重要性,切实做好试卷的命题、印刷、发送和保管过程中的保密工作。同时加强对考试工作的组织管理,认真执行考试回避制度,严肃考试工作纪律和考场纪律。

关于今年及以后的二级建造师考试的命题组织模式,我们认为有三种方案可供地方参考,希望各地结合自身的实际情况确定考试方案:一是自己有命题能力的地方自行命题,自行组织考试。二是现阶段自行命题可能确有困难的地方,可以同其他有命题能力的省份联合,采用其他省份的试卷。三是可以参照以往几次二级建造师考试的命题模式,自己无法命题的地方自愿提出申请,由部注册中心组织专家命题,申请的省份与部注册中心订立相关合同,明确责权利和具体分工,部注册中心为各地提供技术指导和相关服务工作。

四、各地在建造师工作必须重视和注意的几点问题

(一)加强对建造师制度有关政策文件的理解和执行。建造师执业资格制度建立以来,原建设部出台了一系列相关政策文件,涵盖考核认定、资格考试、注册执业、监督管理等各个方面,应该说基本上形成了一个完整系统的建造师制度体系,目前建造师执业制度已步入实施运作阶段。但是据我们了解,尚有不少同志,包括主管部门的同志对建造师执业制度的具体内容并不了解,甚至还没有学习过建造师执业制度的相关文件。会后各地要迅速组织起来,全面、准确学习和掌握这项制度的基本内容和要求,促进这项制度在推进建筑业又好又快发展方面发挥更大作用。

(二)各地要抓紧时间布置2009年度二级建造师考试工作。建设行政主管部门要与有关部门密切协作,明确分工、有条不紊地组织考试工作,有些工作在时间上可以同步进行。

(三)各地要明确长远的计划和当前重点的工作。要制定关于二级建造师工作的系统的、长期的计划,突出重点,分清主次,有能力的地方要尽快建立起二级建造师题库,建造师考试是水平考试,各地要注意不要将考试题目设定的越来越难,要确保符合本地区行业实际的执业选拔水平,保持水平考试的连贯性和一致性。

(四)加强对有关部门工作的指导和监督。建造师管理工作的法定职责是我们建设行政主管部门,即使是有的地方将有些事务性的工作委托或者授权给了一些单位,但是责任是无法转移的。因此,对于已经授权或者委托的工作不能不闻不问,而是要切实负起责任,加强指导和监督,督促有关部门学习和领会有关政策文件精神,对工作要抓紧、抓实,工作力度要加强。

希望通过这次会议,各地对建造师工作给予足够重视,尽快建立起一套行之有效的制度,尽快把今年二级建造师考试工作启动起来,共同做好建造师的有关工作。(边晓)

住房和城乡建设部 建筑市场监管司 2009年工作要点

2009年，建筑市场监管工作要按照党的十七大和十七届三中全会精神，认真贯彻落实中央经济工作会议、全国住房和城乡建设工作会议精神，以科学发展观为统领，围绕规范建筑市场秩序和服务企业、服务行业这两条主线，健全法规体系，推进市场监管的长效机制建设，紧紧把握保障工程质量、安全生产和促进建筑业发展的目标，加大市场监管力度，努力营造统一开放、竞争有序的市场环境，促进建筑业又好又快发展。

一、做好扩大内需投资建设项目的市场保障及社会稳定工作

（一）做好中央扩大内需投资项目质量和效益的保障工作。对各地贯彻落实住房和城乡建设部《关于进一步加强建筑市场监管与服务，保障扩大内需投资建设项目质量和效益的通知》（建市[2009]6号）情况进行检查指导，督促地方建设主管部门增强服务意识，依法监管建筑市场，营造统一开放、竞争有序的建筑市场环境，为扩大内需投资建设项目提供有力保障和高效服务。

（二）加强建筑劳务队伍管理，维护建设领域社会稳定。对各地农民工工资保证金及农民工实名制管理制度进行调研，研究起草《关于完善建筑业企业农民工工资支付保障制度的意见》，提高对劳务队伍精细化管理水平，督促企业依法用工，引导农民工有序流动，预防和减少经济纠纷。坚持"用工单位负直接责任，总承包单位全面负责"原则，积极采取有效措施化解矛盾冲突，促进就业稳定和技能提高。

二、大力推进建筑市场监管长效机制建设

（三）健全建筑市场监管法规体系。一是组织论证起草《建筑市场管理条例》和《建设工程监理管理条例》。二是出台《建设工程交易中心管理办法》部令。三是修订出台《建设工程监理规范》。

（四）进一步推进诚信体系建设，营造诚信奖惩机制。一是抓好各地不良信息的上报，适时组织召开各省信息联络员工作会。二是推进诚信行为信息的应用，使其在行政许可、招投标、工程担保与保险等方面发挥作用。三是指导试点地区继续深化信用体系的功能，组织长三角等试点地区开展信用奖惩机制及法规体系课题研究，争取在加强市场动态监管的具体做法上有所突破。

(五)继续推行工程担保、保险制度。进一步扩大担保试点城市,积极培育担保机构,支持市场主体之间自愿采用担保保证、商业保险等手段规避风险,引导工程担保市场的健康发展。

(六)健全房屋建筑和市政工程施工招标投标制度建设。出台《房屋建筑和市政工程施工招标投标资格审查办法》、《房屋建筑和市政工程标准施工招标文件》和《房屋建筑和市政工程标准施工招标资格预审文件》。

(七)加强合同管理。在部分地区推行合同备案管理试点,加强合同履约监管,进一步遏制转包、违法分包、挂靠行为。组织起草《关于加强建设工程施工承包合同管理的试行办法》,提出《建设工程施工合同(示范文本)》的修改方案。出台《工程总承包合同(示范文本)》和《建设工程监理合同(示范文本)》,推进工程总承包、项目管理和工程监理发展。

三、进一步完善市场准入制度,加大建筑市场监管力度

(八)进一步完善建设工程企业资质标准和审批配套制度。一是修订出台《建筑业企业资质标准》和《工程勘察资质标准》,进一步完善行政许可制度。二是研究出台《建设工程企业资质审查说明》和《关于施工总承包企业特级资质有关问题的意见》等资质审批配套政策。三是实现部分类别企业资质的网上申报、审查的试点工作,方便企业,提高办事效率。

(九)继续完善个人注册执业制度,落实执业人员责任。一是会同人力资源社会保障部做好一级建造师执业资格考试工作,指导地方做好二级建造师执业资格考试工作。二是组织拟订注册土木工程师(岩土)执业工作方案并贯彻实施。三是研究出台关于完善个人执业资格管理制度的指导意见。四是出台《注册建造师继续教育办法》。五是研究制定注册建筑师、勘察设计注册工程师、注册建造师、注册监理工程师信用档案管理办法。六是协调建立全国统一的注册监理工程师考试、注册办法。七是抓好注册执业人员的执业管理,切实落实个人执业责任。

(十)加大建筑市场监管力度,健全市场清出机制。继续加强电子政务建设,进一步完善企业资质数据库、个人注册数据库,推进与地方建设主管部门的项目数据库的整合与联动,加强企业资质、个人注册资格的动态监管,对不满足资质标准、存在违法违规行为、发生重大质量安全事故的企业,以及出租、出借、重复注册、不履行执业责任等行为的企业和执业人员,及时依法撤销或吊销其资质、资格,清出建筑市场,提高监管的有效性。以招标代理机构统计工作为着手点,加大对招标代理机构的监管力度,进一步规范其市场行为,并结合招标代理资质规定,严格准入清出。

四、抓好行业发展和国际交流合作工作

(十一)深入开展行业发展调查研究工作。一是组织成立勘察设计行业战略发展专家咨询委员会和建筑业战略发展专家咨询委员会,与相关协会共同深入调查研究勘察设计行业、建筑业发展中的突出问题,提出研究的对策。二是组织做好《建筑工程设计与施工合理分工机制的研究》、《规范工程施工总分包活动的研究》、《建设项目投资方式与组织实施方式研究》、《促进我国建筑业经济增长的政策措施研究》四个重点课题的研究工作,为今后制定政策和行业发展提供理论支持。三是会同财政、税务、劳动等部门,研究提出《减轻中小建筑企业负担有关政策的建议》,促进中小建筑业企业发展。

(十二)加强对外交流合作工作。会同有关部门贯彻落实《对外承包工程管理条例》,研究具体实施办法;组织协调建筑企业开展对外承包和劳务合作;做好各项对外开放的谈判和要约工作,促进建筑业对外交流和合作。

(十三)组织编写《中国建筑业发展研究报告(2009年)》,组织完成2008年度建设工程勘察设计、工程监理、工程招标代理机构统计汇总工作。

金融危机对中国建筑业的影响及对策

◆姚战琪[1]，程　蛟[2]

(1.中国社会科学院财政与贸易经济研究所，北京 100836;2.中国社会科学院研究生院，北京 100836)

摘　要:席卷全球的金融危机对世界建筑业产生巨大冲击,中国建筑业也面临严峻挑战。中国建筑业受海外建筑市场萎缩、多种货币急剧贬值、人民币升值、回收工程款难度上升等因素影响,国际工程承包业务受到很大冲击;同时,国内建筑市场由于经济增速放缓、房地产市场持续低迷等原因,也面临种种困难。中国建筑业原本存在的一些问题在这次金融危机中暴露得更加明显。最后,提出建筑业应对此次金融危机的对策。

关键词:金融危机,建筑业,房地产,宏观调控

由美国次贷危机引起的金融危机已肆虐全球，许多著名的国际金融机构在这次金融危机中纷纷倒下。由虚拟经济引起的金融危机同样对实体经济产生巨大冲击，建筑业不幸成为受到冲击最严重的行业之一,世界各国的建筑业都面临严峻的考验。

美国商务部 2008 年 11 月 19 日公布的数据显示,2008 年 10 月份美国新房开工量已降至 1959 年以来的最低水平。而美国全国住宅建筑商协会公布的数据显示，美国建筑商信心指数已从 10 月份的 14 降至 9,创下 1985 年有记录以来的最低水平。美国建筑商信心指数反映建筑商对房地产市场目前状况和前景的看法，该指数低于 50 表明对住房销售情况“看差”的建筑商多于对销售情况“看好”的建筑商。

欧洲的建筑业也正在经受严峻的考验。根据 Experian 调整后的预期值,2009 年英国建筑业面临产出下滑 3.1%的不利局面。欧盟统计局 2008 年 11 月 19 日公布的数据显示，欧元区 2008 年 9 月份的建筑业产出较前一个月下滑 1.3%,比 2007 年前同期下降 3.8%。房屋建设比前一个月下降了 1.5%,市政工程建设比前一个月下降 1.0%。其中,法国 2008 年第三季度新房销量同比锐减 44%,2008 年 8 月~10 月新房开工量和房建许可证发放量分别下跌了 20.6%和 24.4%。法国政府预计今年房地产市场规模将下降 1.5%,2009 年将进一步下降 3.6%;2007 年法国新房开工量达到 43.5 万套,而 2009 年新房开工量可能会降至约 33 万套。

一、金融危机对中国建筑业的影响

1.金融危机对中国建筑业的海外业务冲击较大

近年来,随着全球经济的复苏和繁荣,国际工程承包业呈现出快速增长的态势,2008 年 1 月~10 月中国建筑企业对外承包工程新签合同金额 816.5 亿美元,同比增长 57.9%。在金融危机开始初期,主要

是美国、英国、法国、日本等西方发达国家的建筑市场受到较大冲击，中国国际工程承包业务主要集中在经济快速发展的亚洲地区、拥有大量石油美元的中东地区和致力于基础设施投资的非洲地区，受到的影响不是十分明显。但随着金融危机的不断蔓延、石油价格的不断下跌，原本受冲击较小的东南亚、中东及非洲建筑市场也变得日益萧条，中国建筑企业海外业务所面临的风险也随之加大。这些风险主要体现在以下几方面：

1)海外建筑市场萎缩

石油价格不断下跌使以石油输出作为主要经济来源的国家收入明显减少，建筑市场紧缩，一些建设计划被迫取消或延期执行，一些在建项目停工或延长工期。最典型的案例是中国土木工程集团承建的尼日利亚铁路现代化项目被迫中断，这一项目是我国企业迄今为止承揽的最大的国际工程承包项目，项目合约金额83亿美元。金融危机对非洲的建筑市场冲击很大。非洲国家用于基础建设的资金很大一部分来自于发达国家的援助，而此次金融危机对发达国家的经济造成沉重的打击，恢复本国经济成为发达国家的当务之急，对外援助力度势必受到影响，导致非洲国家基础建设投入减少。中国建筑企业在非洲的业务受到不同程度的影响。

2)多种货币急剧贬值带来巨大风险

由于在建的对外承包工程合同大多是在一年或更长时间以前签订的，此次金融危机导致的多种货币贬值和人力成本不断上升等原因使中国企业履约成本加大，企业存在巨大的潜在风险。例如中国水电七局总公司2008年6月在埃塞俄比亚投标的一个项目，由于汇率风险太大，至今未签约。根据中国银行公布的东南亚、非洲、中东国家5~10年汇率走势图表分析，我国境外工程承包企业主要工程履约地区的货币与美元兑换汇率整体走势呈现下降趋势，存在较大的汇率风险。

3) 人民币升值削弱中国企业竞争力

中国建筑企业在国际工程承包市场上的竞争力很大程度上来自相对廉价的劳动力资源，人民币升值会加大企业的人力成本，势必增加我国工程承包企业的报价压力。当前阶段，中国对外工程承包企业的利润率普遍不高，成本的增加无疑会给企业的运作带来更大的风险。在人民币不断升值的情况下，由于人民币的不可自由兑换、对消除汇率风险的衍生金融工具缺少认识，以及金融机构的强势地位，企业的资金问题更为严重，也影响到企业参与国际市场竞争的能力。

4)建筑企业回收工程款的难度正在上升

第一，一些承建项目的业主存在惜付的思想和行为，工程款拖欠现象日益严重，企业经营成本加大。第二，在金融危机全球蔓延之际，国际工程承包业务还出现了银行拒付的情况，这种危机在拉美及俄罗斯等独联体国家已经浮现。第三，金融危机发生后，一些国家采取了更加严格的金融管制，外汇流动受到严格限制。例如安哥拉政府已开始实施紧缩外汇流动政策，一定额度的外汇外流需经过政府审批。

2.国内建筑市场所受影响正在逐步显现

根据以往经验，金融危机对建筑业企业，特别是建筑施工企业的影响通常会有半年左右的滞后期，因此此次金融危机对建筑业的影响尚未完全体现。建筑施工企业的施工周期通常在一年以上，在建的工程基本上是金融危机发生前签订的项目，虽然也面临着延长工期、工程款回收难度上升等风险，但在这一轮生产周期内企业的运行会相对平稳。但从建筑设计企业反馈的信息来看，新签订设计合同数量明显减少，部分企业的合同数量减少50%以上，一些计划开工的项目也因种种原因未能成行。建筑设计业是建筑施工业的上游行业，建筑设计新签合同数量的减少意味着建筑施工企业下一生产周期必然面临合同数量不足的危险。如表1所示，建筑业企业2008年第3季度新签合同额9 393.73亿元，较第2

建筑业企业签订合同额　　单位：百万元/人民币　　表1

	建筑业企业签订合同额:累计	建筑业企业签订合同额:累计:本年新签合同
2008年3月	4 351 052.000	1 086 191.000
2008年6月	6 190 832.000	2 672 142.000
2008年9月	7 795 132.000	3 611 515.000

资料来源：CEIC亚洲经济数据库。

2008年国房景气指数 表2

月份	国房景气指数	国房景气指数:房地产开发投资	国房景气指数:资金来源	国房景气指数:土地开发面积	国房景气指数:房屋施工面积	国房景气指数:商品房平均销售价格	国房景气指数:商品房空置面积
2月	105.550	104.830	104.260	99.340	108.130	104.260	111.520
3月	104.720	104.480	102.380	98.110	108.430	102.890	111.290
4月	104.070	104.280	101.560	96.880	107.780	102.530	110.540
5月	103.340	104.080	100.820	96.420	106.750	102.150	108.960
6月	103.080	104.790	100.190	96.690	106.330	102.130	107.600
7月	102.360	104.770	99.280	96.710	105.870	101.510	105.490
8月	101.780	104.400	97.260	96.420	105.220	100.380	103.900
9月	101.150	103.220	95.130	95.690	104.560	98.890	103.540
10月	99.680	101.940	92.640	95.050	103.280	97.700	101.250
11月	98.460	100.980	91.940	94.790	101.960		100.320

资料来源:CEIC亚洲经济数据库。

房地产开发城镇固定资产投资 表3

时间	房地产开发城镇固定资产投资总额	房地产开发城镇固定资产投资总额
	累计值(亿元)	累计增长(%)
2008年2月	2 373.72	32.9
2008年3月	4 687.75	32.3
2008年4月	6 952.08	32.1
2008年5月	9 519.28	31.9
2008年6月	13 195.67	33.5
2008年7月	15 883.54	30.9
2008年8月	18 429.97	29.1
2008年9月	21 277.69	26.5
2008年10月	23 917.71	24.6
2008年11月	26 545.73	22.7

资料来源:CEIC亚洲经济数据库。

季度减少6 465.78亿,降幅达到40.77%,与此同时,建筑企业的总收入也有明显下降,降幅为8.04%。预计第4季度将维持这一下降的趋势,建筑业的寒冬正在逐步降临,一些建筑企业的生存面临考验,一些规模小、缺少技术储备、管理基础薄弱的建筑企业可能会倒闭。建筑业属于劳动密集型产业,大量建筑企业倒闭会导致大量工人特别是农民工失去工作岗位,可能带来更大的社会问题。

从建筑市场的细分市场来看,房建市场受到的影响最大,这主要是由于国内房地产业持续低迷造成的。受前期宏观调控及全球金融危机影响,房地产市场严重受挫,房地产投资增速持续下滑,国房景气指数持续下降,在2008年10月突破100点临界值,11月进一步下降至98.46,房地产市场进入不景气区间(参见表2、表3)。为了应对金融危机,许多房地产企业已经运作的楼盘项目,被迫陆续停止施工,新开发楼盘数量明显减少。与此同时,居民普遍对未来经济发展情况持谨慎态度,预期房地产价格将继续下降,持币观望气氛浓重。虽然各级政府出台相关政策稳定楼市,房地产商也采取各种促销手段,但房地产市场并未出现回暖迹象,市场对于未来的预期比较悲观。上海易居房地产研究院对37个城市400余家房地产企业展开4季度市场预测调研显示,43.8%的企业认为2008年4季度房地产市场成交量将进一步萎缩;51.4%的企业认为4季度房价将会下调;60.6%的企业认为土地招投标市场将更为低迷。房地产市场持续低迷,受打击最为严重的就是房建市场。一方面,由于房地产企业新开发项目减少,房建企业将很难承接到新的工程项目,新开工工程不足将导致企业资金周转困难,企业生存难以为继。另一方面,由于房地产开发商资金短缺压力增大,房建企业回收工程款将面临更大的困难。一旦开发商资金链断裂,停工、窝工将增加施工企业的成本,加之房建市场竞争十分激烈,企业利润空间较小,成本上升将给企业带来巨大的风险。

房建企业已经深刻体会到金融危机带来的巨大冲击,但目前并不是房建企业真正的"冬天",最困难的阶段可能出现在2009年。目前在建项目多数将在明年完工,而新签约项目数量又明显减少,房建企业在2009年特别是2009年下半年将面临开工不足的困境。现阶段,由于市场萎缩,已有一些企业出现开工不足的状况,导致大量员工放假,未来这种情况可能更加普遍。根据国务院发展研究中心的预测,此次房地产市场调整可能会在2009年加深,并可能延续到2010年甚至2011年才会结束。因此,房建企业应做好度过漫长寒冬的准备。

二、中国建筑企业存在的问题

此次金融危机为许多企业敲响了警钟,一些企业原本存在而又被忽视的问题在这次危机中充分地暴露出来,如何认识、解决这些问题将成为建筑企业需要面对的问题。

1.对于金融风险缺少相应的规避措施

金融危机导致的汇率、利率波动对中国建筑企业承揽的国际工程影响很大,这一方面是由于此次金融危机波及范围、影响程度远远超出原来的预期,在签订合同时对汇率风险等金融风险考虑不足,未能通过合同条款规避风险。这提醒我们,建筑企业应在今后的国际工程承包业务中充分考虑各种金融风险,并利用合同尽量规避潜在的风险。另一方面,建筑企业缺少利用金融衍生工具规避金融风险的经验,对此类金融衍生工具缺少认识。谈到金融衍生工具,现在多数人会认为那不过是所谓的金融精英发明出来的符号游戏,是这次金融危机的罪魁祸首。不可否认,正是金融衍生工具过度开发使虚拟经济严重脱离实体经济而最终导致了金融危机,但作为风险规避手段的那些最原始的金融衍生工具在化解汇率风险、利率风险方面仍然可以起到重要的作用。建筑企业应当重新审视金融衍生品在防范金融风险上的作用并加以合理利用。

2.缺乏核心竞争力

除了少数的"航空母舰"级企业,绝大多数建筑企业缺少核心竞争力,这种缺欠在建筑市场繁荣时并不会影响企业的生存,但一旦面临市场萎缩,这些企业将很难与大型企业竞争,建筑市场萎缩对于这些企业的影响是致命的,企业的生存将面临严峻考验。技术创新是提高企业核心竞争力的重要途径,因此建筑企业应加大技术创新的力度,提高企业在市场竞争中的实力以应对严峻的市场形势。目前我国建筑业技术创新工作存在的问题主要有:市场竞争不够规范,缺乏有效的技术进步与创新激励机制;建筑技术开发和推广应用机制尚不完善;企业技术研发资金和技术人员严重不足,普遍缺少专利技术和专有技术;勘察、设计、施工阶段的技术创新活动相互分离等。针对这些问题,企业应建立技术创新激励机制,建立企业内部的施工方法体系,积极推进施工方法的研发和申报,大力提倡运用建筑施工新技术、新工艺、新材料,建立、健全吸引、培养、稳定、使用人才的机制。有条件的企业可以加强与高校和科研院所的合作,建立研发中心,取得具有自主知识产权的科研成果。

3.管理模式粗放

作为管理密集型和劳动密集型的建筑业已经进入微利时代,粗放式的管理模式将进一步降低企业的利润率,甚至产生亏损。在金融危机下,企业必须转变管理模式,向管理要效益。为此,建筑企业应采取精细化管理,强化企业管理精细化、项目管理精细化,强化成本管理,通过降低成本提高企业的利润率。与世界一流建筑企业相比,我国建筑企业的赢利能力还有差距,大量分析表明,成本管理不佳是企业赢利水平不高的关键性制约因素,尤其在建筑业投标压价、劳动力成本上升、工程款回收难度加大的情况下，应把推进成本管理摆在更加重要的地位。同时，应加快专业化发展，加大整合力度，集中和优化现有资源，提高企业在特定领域的竞争力。

三、建筑业应对金融危机的对策

1.强化自身管理，向内部要效益

如前文所述，目前许多建筑企业存在管理方式粗放、利润率较低、缺少核心技术等问题，直接制约企业的生存和发展。在当前这种困难局面下，企业首先应树立信心，坚持从内部管理入手，挖掘内部潜力，练好内功，提升企业的核心竞争力，加强资本运作，做好债权债务的清理工作，集中优势资源，坚持把优势力量向重点项目和优质高效市场倾斜，全面提升应对危机的能力，积极应对市场的考验。冬天并不可怕，可怕的是没有做好越冬的准备。市场竞争的实践证明，应对市场变化的关键是把企业自身的问题解决好，只要企业认清自身存在的问题，积极应对，做好越冬的准备，冬天就不再可怕。

2.积极开拓农村市场

在大中城市的建筑市场面临萎缩的情况下，建筑企业应开阔视野，积极拓展农村建设市场，充分利用国家对于新农村建设的优惠政策，寻找新的业务增长点。农村建筑市场相对大中城市市场而言，有其自身的特点。首先，农村建筑市场对于施工技术要求相对较低；其次，由于工程规模相对较小，大型企业较少涉足，小型企业可以避免与实力较强的大型企业直接竞争。因此，在竞争日趋激烈的环境下，农村建筑市场对于小型建筑企业具有更加重要的意义。十七届三中全会通过《中共中央关于推进农村改革发展若干重大问题的决定》，文件明确强调，发展农村公共事业，加快农村基础设施建设和环境建设，加强农村防灾减灾能力建设。在4万亿元拉动内需专项资金中，用于加快建设农村民生工程和农村基础设施的资金约3 700亿元，这一系列促进农村发展的政策为建筑业开辟农村市场提供有力的保障。

3.重视保障性住房市场，重振房建市场

商品房市场受到宏观调控及金融危机影响，价格持续走低，需求量也呈现下降趋势。虽然国家及地方出台各种救市措施，但市场反应不大，短期内商品房市场很难出现明显的改善。与此形成鲜明对比的是保障性住房市场正在逐步扩大，国家一系列政策推动保障性住房市场快速发展。在2008年4季度新增1 000亿元投资中，已增加安排75亿元用于廉租住房建设。根据主要城市公布的2008年住房计划，保障性住房比重约为20%~40%，随着国家加大对保障性住房的支持力度，这一比例有可能进一步加大，在未来两年中，整个保障性住房的投资将达到2 800亿元。在当前房地产市场持续低迷的情况下，保障性住房有望成为拉动房建市场快速增长的新增长点。因此，房建企业应适时调整战略，将注意力转向保障性住房市场，利用国家对于保障性住房的投资，尽快摆脱目前的困境。

4.借助政府投资摆脱当前困境

2008年11月5日，国务院总理温家宝主持召开国务院常务会议，确定了当前进一步扩大内需、促进经济增长的十项措施。随后，各级地方政府又相继出台一系列刺激经济增长的措施，根据不完全统计，媒体公开报道的各地刺激经济增长的意向投资总额达20万亿元人民币。这一系列拉动内需的经济政策不仅为一些大型建筑施工企业注入了“强心剂”，提供了千载难逢的发展机遇，同时也为一些有条件的企业延伸产业链，打造多元化经营格局提供了有利条件。对于有实力的企业来说，应抓住当前政府扩大投资带来的有利时机，将产业链向纵深发展，在巩固原有市场的基础上，积极参与公路、铁路及其他基础设施的建设，增强企业抵御市场风险的能力。

参考文献

[1]国务院发展研究中心.2008年4季度房地产行业发展趋势预测.国研网.

[2]陆歆弘.中国建筑业成长发展轨迹与增长因子研究.2003.

[3]王建民.经济转轨时期我国建筑业存在的问题及其对策.经济师,2007.

保护国家经济安全 延展企业国际化道路

周 密
（商务部国际贸易经济合作研究院，北京 100710）

新中国成立以来，在西方列强的重重包围和封锁下，中国坚定不移地奉行“自力更生、艰苦创业”的精神，建立了独立、完整的工业体系。21世纪以来，中国已经越来越深地融入全球化的经济中，各种生产要素、金融资源的跨越国境流动更为便捷。一方面促进了经济的发展和资源配置效率的提高，另一方面却增加了经济可持续发展的不确定性。1997年东南亚金融危机对东南亚经济造成了巨大的打击，无论是国家的政策体系、汇率制度，还是企业的资产价值、正常运行都受到严重打击。而2007年以来美国的次贷危机更是席卷全球，成为原美联储主席格林斯潘所称的“世纪金融风暴”。

在市场对资源的配给发挥越来越重要作用的今天，维护国家的经济安全，已经不再仅仅是政府的事情，也不仅仅局限于外资并购国内产业所造成的安全问题。作为经济细胞的广大企业，在国际化的时候也需要努力保护国家经济安全，以实现自身利益与国家利益的和谐统一，中国经济与东道国经济的互利共赢。

一、保护国家经济安全，实现国家与企业的共同发展

保护国家经济安全，既是中国经济可持续发展的必要条件，对企业也有

着重要意义。维护国家的经济安全,不仅是企业需要承担的义务,而且是企业生存和发展的重要基础和保障。

(一)国家经济安全的含义与范畴

20世纪60年代,一些美国学者开始关注两大军事集团对峙导致的各自经济利益问题,成为战后国家经济安全的萌芽。在随后的石油危机、墨西哥金融危机、东南亚金融危机、北约对南联盟实施军事打击、美国出兵阿富汗和伊拉克的各种历史事件时,经济安全逐渐成为全球广泛关注的问题。

一般而言,经济安全是指国家对来自外部的冲击和由此带来的对国民经济重大损失的防范,是一国维护本国经济免受各种非军事政治因素严重损害的战略部署观念,包括国家经济生存和发展面临的国际国内环境、资源供给安全、金融安全、产业安全、经济活动全过程和各方面的安全、经济主权和经济利益安全、经济发展和经济运行安全等。

(二)维护经济安全是中国可持续发展的必要条件

经济基础决定上层建筑,一国的经济安全与其军事安全、政治安全紧密关联。在经济全球化的时代,大型跨国公司力量的增强,对国家、地区,乃至全球都产生了深远的影响。各国各种生产要素的流动日益频繁,全球产业链条上的各个环节都在利用其自身的比较优势,进行全球产业分工和配合。为了提高效率,产业内和产业间分工不断细化和专业化,也使得供应链条变得更为脆弱,各方的相互依赖性更强。

改革开放30年来,中国在向世界开放中获益,国民经济快速发展,产业实力不断增强,逐步确立了全球"制造中心"和"生产基地"的位置。然而,在GDP快速增长的同时,中国的国家经济安全形势不容乐观。大宗能源、矿产资源价格快速上涨,贸易保护主义的兴起,以及保持金融的区域乃至全球性动荡都直接影响着中国经济的可持续发展。保障和维护国家经济安全,尽量减少外部不利因素的冲击,是中国经济增长、社会稳定和可持续发展的必要条件。

(三)保障国家经济安全是中国企业国际化的重要保障

自2000年中央提出实施"走出去"战略以来,中国企业的国际化快速发展。而加入世贸组织、积极参与各类区域贸易,为企业国际化提供了重要平台,各项对外经济合作业务快速发展,始终保持快速增长。2007年,中国对外直接投资达到265.1亿美元,对外工程承包新签合同额和完成营业额分别达到776亿美元和406亿美元,对外劳务合作派出劳务人员和年末在外劳务人员分别为37.2万人和74.3万人。

尽管如此,中国企业仍总体处于国际化的初级阶段,成功实现国际化战略发展目标仍需要以保障国家的经济安全为基础。首先,企业的国际化程度总体不高,国内业务在企业全球业务领域仍占据重要比例,是企业利润的重要来源,中国经济安全与否关系到企业的生死存亡。其次,大多数企业的"走出去"目前仍主要服务于国内,通过"走出去",增强生产能力,提高技术水平,拓展销售网络或保障上游原料供应。第三,即便是国际化程度较高的企业,中国作为目前全球人口最多、经济增长最快的国家,也必然是企业业务发展不可忽视的市场。

(四)中国经济安全的主要领域

人们习惯地认为国家经济安全问题主要发生在外资进入国内时,但随着经济全球化的发展,国家的经济安全实际上已经涉及了更为广泛的领域。从全球视角看,影响中国的经济安全问题还包含了各种不利于经济可持续发展的因素。

能源资源供给是影响一国经济发展的重要因素,最近一轮的石油价格上涨引发了全球的通货膨胀。与西方发达国家为维系高消费水平的高能源需求不同,处在快速工业化的中国需要加工、制造或生产各类工业产品和消费品,以满足全球市场的需求。因此,能否保障能源和资源的稳定持续供给,关系到中国经济能否健康发展。

中国经济受国际贸易的影响巨大。2007年,中国进出口达2.17万亿美元,按照1:7计算,占到当年GDP的60.9%。各国经济增长放缓引发贸易保护主义抬头,中国已经连续多年为WTO成员中受贸易摩擦影响最大的国家。因此,维持贸易渠道和贸易环境对于中国经济发展和产能的有效利用意义重大。

伴随贸易产生的国际金融市场的规模早已远远超过国际贸易,虚拟经济与实体经济的规模差距不断扩大。自布雷顿森林体系瓦解后,通货膨胀的控制难度更大。尽管目前中国的金融市场尚存在资本项目有限开放的防火墙,但国际资本仍通过多种渠道进入中国市场,对拥有2.17万亿美元外汇储备(截至2007年底)的中国经济仍构成了巨大挑战。

二、美、俄、日三国的国家经济安全战略

经过多年的发展和调整,经济安全已经成为美、俄、日三国国家安全中"不可分割的重要组成部分"。在经济全球化不断发展的今天,各国对经济安全的危机意识更强,根据自身特点,积极利用国际规则并力争掌控规则的制定权,以保障经济的平稳发展。

(一)美国的国家经济安全战略

美国的国家经济安全是建立在其"国家安全战略"框架上的。1999年,美国白宫公布了一份《新世纪的国家安全战略》报告,提出美国国家安全战略的三个核心目标是增强美国的安全,保障美国的经济繁荣和促进国外的民主和人权。

总的来讲,美国的经济安全观立足于自由、开放的市场基础之上,但也体现了其"世界警察"的一贯观点。美国认为经济安全首先是国内经济问题,要追求一种相对平衡,鼓励通过竞争寻求经济的"自我恢复能力",把经济安全归为企业的竞争力。同时,美国认为,世界各地都有美国的经济利益需要保护,在冷战后致力于推动美国式的自由市场模式,积极参与地区和国际经济合作组织,用"治外法权"和"单边主义"行动对有"冒犯行为"的国家和公司进行制裁和报复。

(二)俄罗斯的国际经济安全战略构想

1996年和1997年,俄罗斯分别通过了《俄罗斯联邦国家经济安全战略》和《俄罗斯联邦国家安全构想》(在2000年进行了修订)。俄罗斯明确提出,保障国家安全应把保障经济安全放到第一位。

俄罗斯的经济安全观侧重于治内乱、御外患、摆脱危机、复兴大国。其经济安全战略的目的,是通过保障经济发展,为个人生存和发展、为社会政治经济和军事的稳定、为国家的完整、为加强俄罗斯在国际上的大国地位奠定基础。

(三)日本的国家经济安全战略

在日本,无论是政府、企业还是个人,危机意识都很强。因而,日本的经济安全观主要是基于"资源小国"与"经济大国"、"经济大国"与"政治小国"和"军事弱国"的矛盾,将国家经济安全战略锁定在保障海外战略资源的稳定供应和拓展海外市场之上。

日本的国家经济安全战略明确指出,"确保重要物资的稳定供应在经济安全保障方面具有生死攸关的重要性",保障范围涉及以石油为主的能源、以稀有金属为主的矿物资源以及粮食,同时要确保重要物资稳定供应的海上运输线。

三、企业"走出去"应努力维护国家经济安全

作为"走出去"的主体,中国企业在国际化的过程中面临各种发展的环境。工程承包企业是中国企业"走出去"的先行者,经过多年经营已经积累了一定经验,获得了自身的市场空间。在经济全球化发展的新时期,企业的投资成功与否,在很大程度上与中国经济的整体情况息息相关。因此,企业既要努力把握投资机会,也要尽量实现企业个体和国家整体利益的协调统一,树立国家良好形象,积极稳妥参与国际分工,保护自有知识产权,并努力保障能源和资源的可持续供给。

(一)树立国家良好形象,维护企业经济利益

中国对国际经济合作的态度是明确的,一贯奉行和平共处五项原则,在政治、外交、经济、文化等各个方面积极与各国开展合作。经济实力的提升使得中国有能力在全球发挥更为重要的作用。

国家形象的好坏对于企业的经济活动能否顺利开展有着重要的影响,而国家形象的树立是一个日积月累的过程,与每个企业的经济利益息息相关。企业"走出去",应该以树立国家良好形象为己任,注重承担必要的社会责任,遵守东道国法律,尊重东道国文化,保护当地雇员权益,积极参与社会文化活动,

以实现与当地政府、社会和自然环境的和谐相处。

工程承包企业在中国对外经济合作的发展历程中扮演了重要的角色。在"南南合作"中，以坦赞铁路为代表的高标准援建项目，既有力推动了受援国经济的发展，也为中国与受援国相互信赖关系的确立提供了直接的支持，对中国与多数发展中国家拓展和深化经贸合作领域发挥了积极作用。

(二)发挥自身优势，建立稳定可靠产业国际分工链条

中国企业国际化的第一步往往是建立海外代表处和销售处，通过开辟国际贸易渠道，为企业的生产建立稳定的国际营销网络。在可以预见的未来，国际贸易仍将保持较快发展，处于快速工业化进程中的中国企业的生产能力和生产水平都将继续提高，中国作为全球生产制造中心的地位在短期内不会发生大的变化。把握经济全球化迅速发展的有利时机，保证电子原件加工、家用电器和纺织服装等优势行业、重要支柱产业和快速发展行业的平稳国际化，对于中国的国家经济安全意义重大。

工程承包企业在"走出去"承接各类工程的同时，往往也下设贸易公司，从事国际贸易。这类公司既要服务于母公司主业的原材料设备供应，也注意把握市场机会，从事其他产品的进出口。根据企业国际化战略和自身产品特色，在全球范围有效配置各种要素，把握重要渠道资源，培养核心竞争力，贴近消费市场，建立稳定可靠的跨越国境的产业分工体系，是企业在开放的世界里确保行业竞争地位的重要途径。

(三)学习和应用国际惯例，维护自有知识产权

企业在国际化发展中，一定要用好当地的法律和国际条约协议。不仅要避免违反法律法规，更要努力用好法律武器，维护自身利益。随着全球知识产权保护意识的愈发强烈，企业也需要思考如何保护自身的知识产权。中国企业在国际化的过程中，由当地竞争者抢注商标、盗用设计专利、盗窃商业秘密的事件时有发生，给企业带来巨大的维权成本，严重影响企业商誉，一旦处理不好甚至可能使得使用相关专利的更多企业被逐出重要的市场，对中国经济造成较大影响。MP3和DVD等专利事件就使得中国相关企业遭受了巨大的损失，也给消费者留下了很不好的印象。

因此，企业需要的国际化过程中把自有知识产权的维护放到十分重要的位置。首先，应了解东道国的有关法律，以及东道国参加的国际知识产权保护协定，明确其保护范围、保护强度和维权步骤。其次，应比照相关规定，梳理企业正在使用或可能涉及的知识产权，根据使用情况，申请法律保护。再次，对于出现的知识产权纠纷，应主动起诉或积极应诉，并联合相关企业，形成合力，尽量避免造成企业自身、行业乃至更广范围的影响。

中国工程承包企业不断成长，2007年进入ENR全球225强的中国企业达到50家，海外收入总计达224.0亿美元。但是，排名最靠前的中国工程企业在国际承包商排名中仅列第18位，上榜企业的海外营业额占总额的7.2%，与发达国家大型工程承包商相比仍有很大差距。在市场发展过程中，形成并确立中国自己的标准和规范，在恰当的时候向更大的工程承包市场推广，对保障企业的可持续发展和行业的稳定都有着积极的意义。

(四)积极开展投资合作，保障经济发展所需能源资源

根据历史规律，工业化进程总是伴随着能源资源的大量消耗。经过几十年的工业化，中国已经建立起完整的工业体系，多种商品的生产制造的数量和效率都居全球领先，中国价廉物美的商品为全球长期保持低通胀下的经济持续增长发挥了重要作用，应该说，中国用全球的资源满足了全球的消费者。

国际大宗原材料和初级产品价格不断上涨，大型跨国矿业巨头的资源垄断和价格控制能力不断加强，能源资源供给渠道有限。近些年来，全球能源资源开采的投资数量保持持续快速发展，价格上涨明显。工程承包企业"走出去"，更应该发挥技术优势，利用经验积累，通过勘探、交通运输基础设施建设等方式，积极与相关行业的中国企业开展能源矿产开发、加工和运输等产业链各环节的投资合作，以增加中国经济能源资源的多元化供给渠道，保障国家的经济安全和可持续发展。

B—X国柏马公路项目管理

胡惠梦

(中国海外工程总公司，北京 100044)

一、项目简介

B—X 国柏马公路项目业主为该国运输及工程部下属公共工程局。日本工营公司(Nippon Koei Co., Ltd.)为本项目监理。在日本海外合作基金的资金和技术支持基础上和日本工营公司具体配合协助下，自 1985 年开始启动。在项目的概念和开发阶段实施了现场调查、可行性研究、项目环境评估和勘察设计。

该国政府通过自筹 22%资金和日本海外合作基金(OECF)贷款 78%资金完成了项目融资。1995 年 3 月进行资格预审，有包括中国、日本、澳大利亚和新西兰等 8 家公司通过了项目资审并同时被邀请参投。

中方某海外总公司递交的投标文件综合评价最高，技术标完全满足招标规定要求；经济标为第一标，价格比标底仅仅低 3%，以 105 727 327.75 基纳(KINA 当地币)中标(折 7 963 万美元)，1996 年初获取中标权。随后，业主和承包商双方进行了合同的最终谈判并签订了项目实施合同。合同规定于 1996 年 4 月 1 日开工，一标段 36 个月完工，二标段和整体在 48 个月内全部完工，维修期为一年即 2001 年 3 月 31 日终交。

本工程包括：新建公路共 80.5km，整个工程项目分为 2 个标段，一标段 33km、二标段 47.5km；其中总挖方约为 109 万 m^3、路堤回填 133 万 m^3、双层表处沥青路面 11 800m，新建桥梁 9 座(一标段 3 座、二标段 6 座)；新建涵管 245 道(一标段 86 道、二标段 159 道)；新建 3 处监理和承包商合用的主营地，包括居住、生活、办公及活动设施等。

项目沿线穿越 22km 的热带雨林，3 大块原始沼泽地、7 大块软基，共计 17km，跨越 9 条河流，施工现场不仅有毒蛇鳄鱼出没伤人，更有持枪匪徒抢劫挡道，三个主营地之间没有任何道路连接，施工现场 Bereina 营地离首都的近距离约 300km，加上气候炎热，施工条件的社会治安和自然环境等极为恶劣。

该工程异常复杂，它涉及房建、道路、桥梁、软土地基、机械化施工等多科专业；工程量巨大，合同工期长，合约金额巨大；施工难度高、工程周期长，如软土地基处理最长要求 950d 的固结期；桥梁和路面施工所需的高质量石料短缺；当地市场发育差，主要施工机械设备和材料大部分靠进口且时间周期长，费用高；运输条件差，大型设备很难进场；当地人员素质低，劳动力技能也很低；政府机构办事效率极低。

本项目可利用资源是：施工不干扰交通也不受交通干扰；施工现场相对较为开阔、清静，较适合大规模的土石方机械施工；除混凝土和沥青路面要求较高质量的碎石在现场周围难以找到外，其他施工地材较易获取。

编制科学的进度计划和资源计划，合理的施工组织、精心的施工布置和准确的控制执行，在保证外购施工设备和材料按资源计划及时到达现场的前提下，项目的实施是完全可以按业主和合同的要求来完成的。

项目实施严格按照 FIDIC 合同条件来进行项目进度控制、施工质量控制、安全环境控制、工程费用和支付、变更和索赔、项目文件和进度报告、分包和采购管理等。

施工机械设备和材料分别从中国、日本和澳大利亚采购，部分工程要分包给中方公司、当地公司和新西兰公司具体执行。这要求有很细致周密的进度计划和资源计划，并且严格控制计划的实施；需要有有序高效的项目文档和报告系统；有良好的合作沟通和协调机制；要

求建立商务和工程专业的高素质管理团队来管理工作。

另外，有限的市场条件和恶劣的施工环境更要求做好项目的各种计划，保证项目实施的生产要素和条件的一一落实，提前做好各种准备和预备好各种替代方案，为项目顺利施工逐一排除障碍和不确定因素，使项目走向良性循环。

对于如此复杂和艰巨的大型工程，必须采用现代先进的、科学化的、系统化的项目管理方法和流程确保项目目标的实现。据此，我们提出了“四控四管一协调”的管理方针，即本项目的管理须紧紧围绕进度控制、成本控制、质量控制、安全与环境(SHE)控制；合同及风险管理、信息沟通管理、生产要素管理、现场综合管理；协调好项目干系人和国内外合作关系的各项工作。统一了项目管理的总指导理念：以进度计划管理为主线、以工程成本控制为中心、以信息与合同管理为基础、以项目资源管理为重点、以完成项目整体目标为动力、保证实现项目干系人的利益和目标。

二、项目计划及工作分解结构

科学合理可操作强的项目计划是一个项目成功的前提条件，对项目实施进行了重新评审，全面梳理和分项评估，对投标决策时确定的目标进行确认和修正，并对项目管理进行了协调和科学规划。

项目目标：

范围目标：根据项目合同及其附件、合同条件、施工规范和技术标准、施工图纸、合同价格和施工工艺规定的边界条件来确定项目的范围目标和结构分解。

时间目标：开工后3年内完成一标段，4年内完成二标段和整体项目，完成1年的项目保修期，在2001年3月31日最终交工。

质量目标：按合同规定、施工规范和技术标准、施工图纸和设计参数，按公司质量管理体系要求，制定质量方针和计划，建立质量管理体系，按照质量控制的PDCA循环原理、三全控制和三阶段控制原理，确保项目质量的落实和实现。

成本目标：本项目的效益目标是实现上交净利润5%，按此目标对各单项工程的直接费和间接费进行重新核算，并按核算的成本计划控制项目支出。

安全目标：杜绝重大责任伤亡事故，控制责任事故死亡率，杜绝特大交通责任事故、重大火灾和重大机械设备责任事故。

环保目标：确保原始环境保持稳定、江河水质不

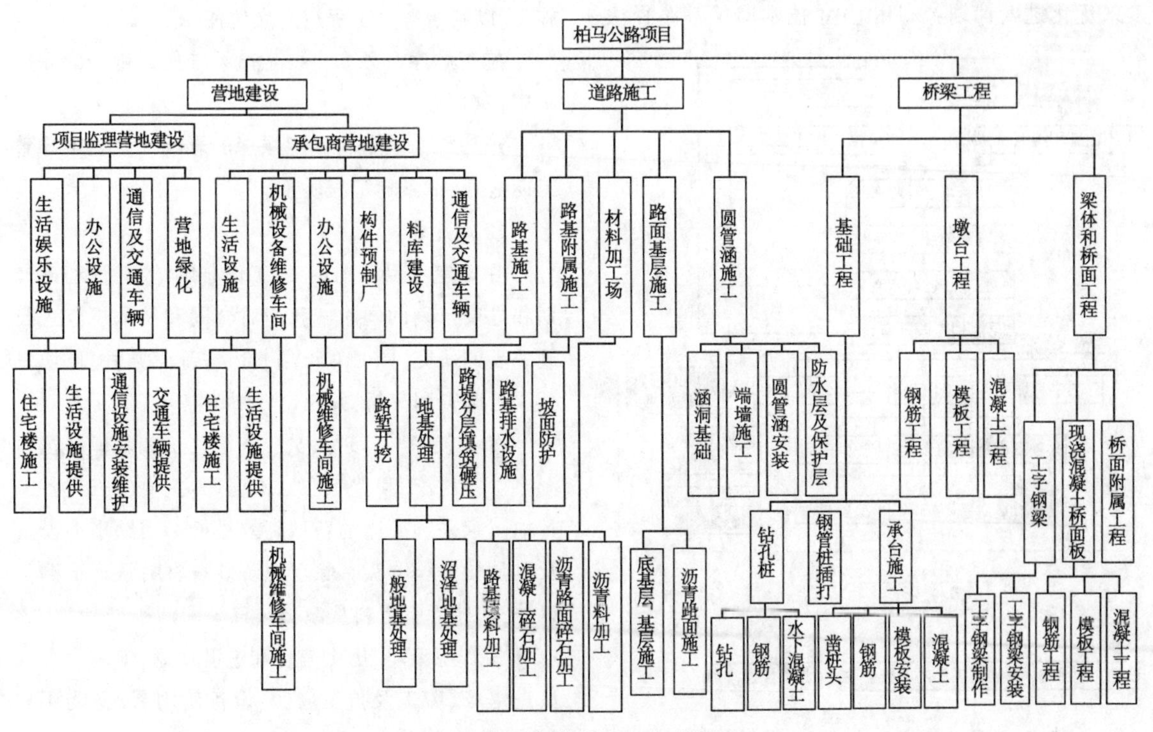

图1 柏马公路项目WBS结构图

受污染、水土流失防护得力、森林植被保护有效、野生动物迁徙自由、沿线景观不受破坏、公路两侧绿树成荫、护坡植草全年常青。

市场信誉目标:通过本项目按期优质完成,兑现合同,使公司取得良好的国际信誉,进而占有南太平洋区域市场。

工作分解结构:

根据该项目的工程内容和专业技术特点,对项目的结构进行逐层分解,按单项工程、单位工程、分部工程和分项工程分别逐项分解成树状图(图 1)。

项目组织和团队:

本工程是项目总经理负责制,项目总经理与公司签订项目实施目标责任书,负责项目团队的建设,并对项目资源和实施的全过程进行统一指挥和控制。工作流程图、合同结构图、组织机构图如图 2~图 5 所示。

进度计划:

本项目采用了工程网络计划技术和 Project 软件编制进度计划网络图,对施工的各个环节进行分解,按施工的逻辑进行合理安排,以反映施工顺序和各阶段工程完成计划。用工期、费用和资源因素来优化进度计划,利用 CPM 技术即关键路径法

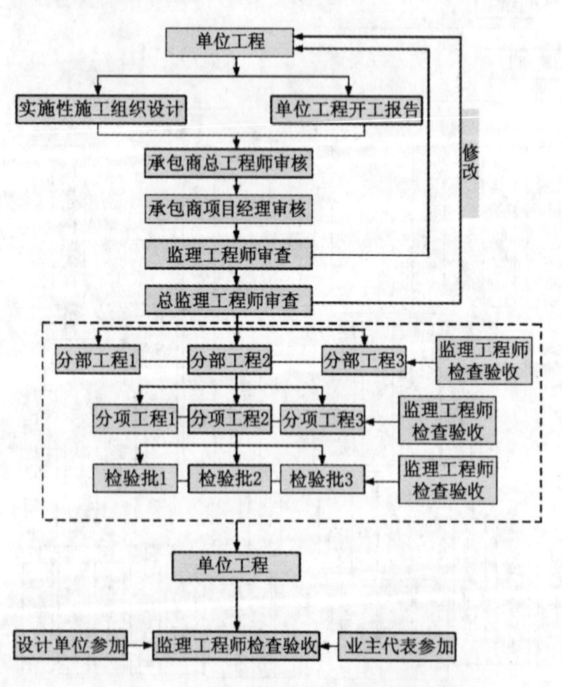

图2 柏马公路项目施工的工作流程图

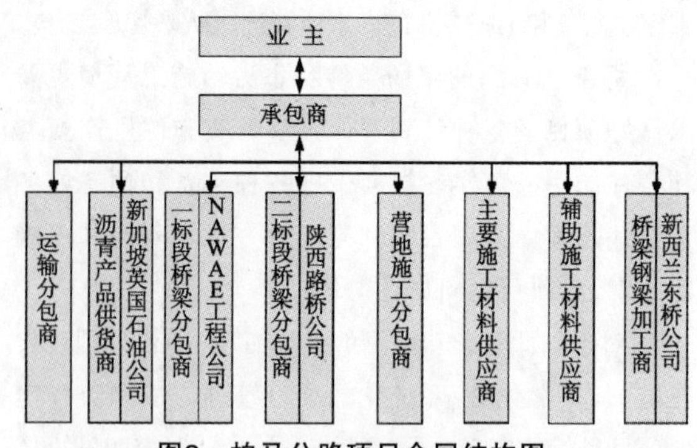

图3 柏马公路项目合同结构图

寻求出关键线路和次关键线路,并着重对关键线路上的关键工作进行优化和适当调整,进一步完善后形成项目施工进度计划。施工进度计划的编制遵从下列原则:

尽量做到均衡施工,以使劳力、施工机械和主要材料的供应在整个工期范围内达到均衡,特别考虑大型施工机械的均衡。

尽量提前建设可供工程施工使用的永久性工程,如桥梁工程等。

急需和关键的工程先施工,以保证工程项目如期交工。某些技术复杂、施工周期较长、施工较难的工程,如软土地基处理、桥涵工程等,亦应安排提前施工,以利于整个工程按期交付使用。

施工顺序必须与主要生产系统投入生产的先后次序相吻合。

还应注意季节对施工顺序的影响,使之不导致工期拖延、不影响工程质量。

资源计划:

在确定项目范围定义、工作分解结构、里程碑计划和进度计划的同时,我们对合同和技术规范进行进一步的研究,同时对市场、价格、施工条件、环境进行深入调查和分析,并制定以下策略:

专业技术与管理人员、高级技工和翻译从国内派出,一般技工和普工在当地雇佣;主要施工设备从其他国家采购一流的新型高效机械,辅助小型设备及机具从中国购买;除水泥及砂石材料从当地购买以外,其他大宗材料从澳、新、日等国购买。

按资源策略、历史信息和进度计划,编制中方人员进退场、劳工及技工雇佣、设备使用、设备购买和租用、油料和配件、材料需求、材料采购和加工等工、

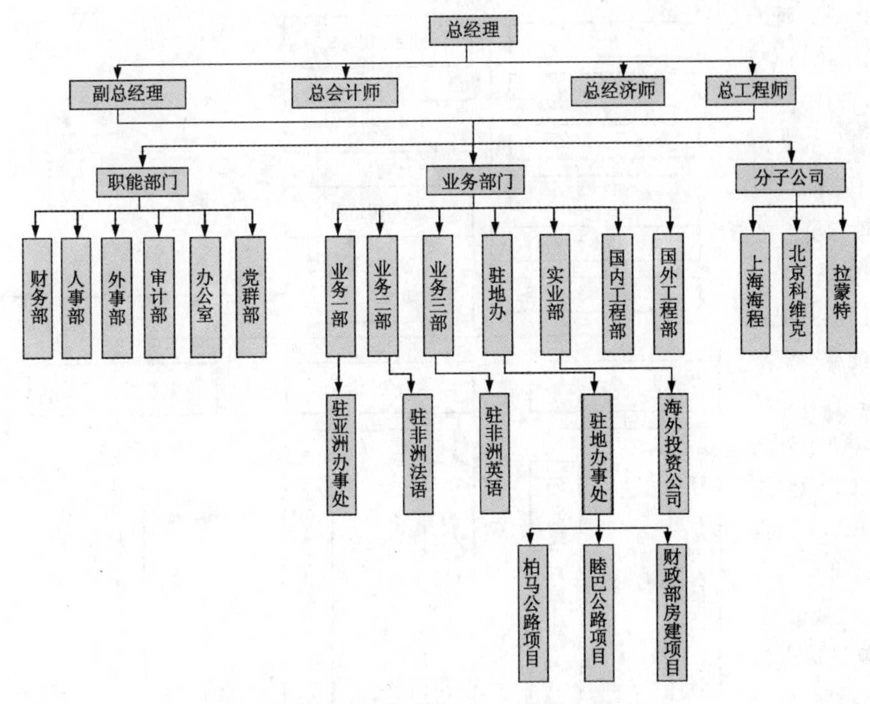

图4　海外工程有限责任公司管理机构图

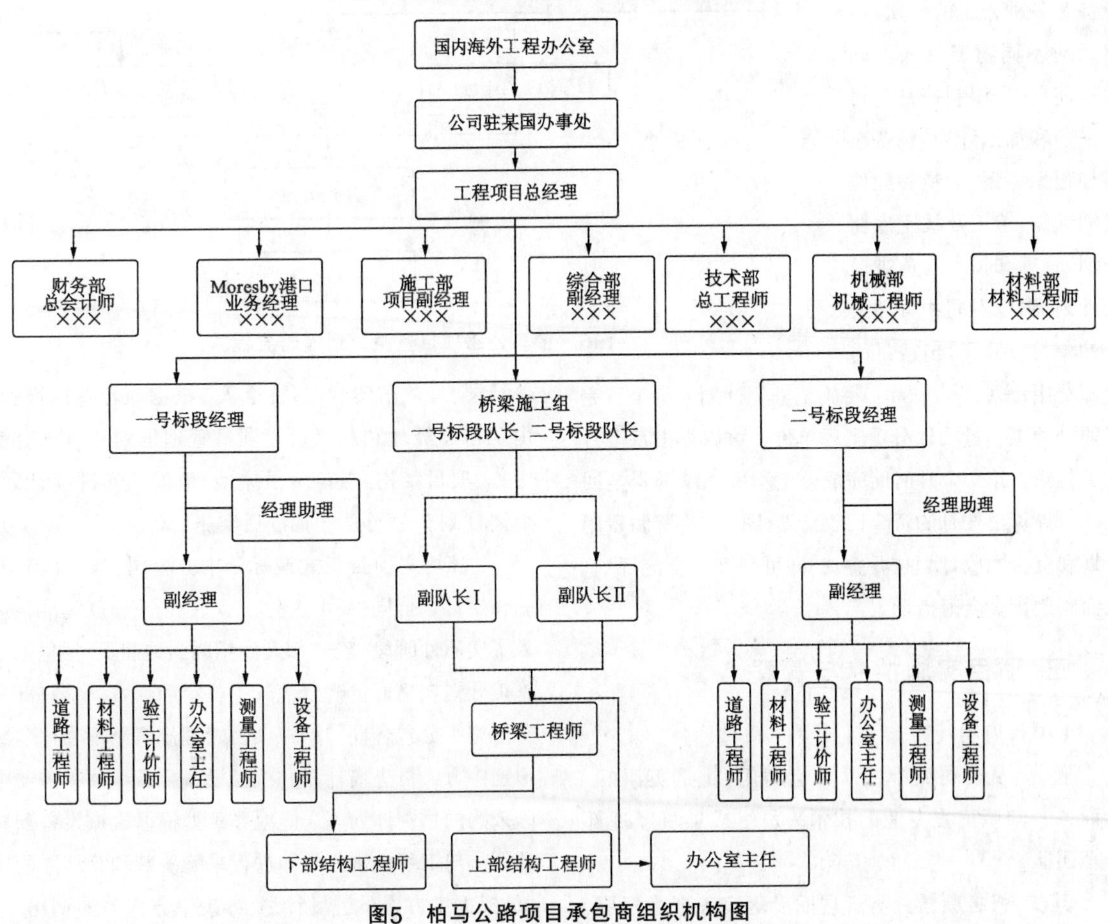

图5　柏马公路项目承包商组织机构图

料、机的雇、买计划进而编订资源费用计划(图6)。

费用(成本)计划：

因为工程项目的费用是分阶段、分期支出的，资金应用是否合理与资金的时间安排有密切关系。为了编制项目费用计划，并据此筹措资金，尽可能减少资金占用和利息支出，有必要将项目总费用按其使用时间进行分解。按照工作分解结构和进度计划，我们可以得到开工后依次每个月的各分项工程的计划完成量；进而按照施工定额计算出依次每个月的各种材料、各种设备及各种人工的使用量；然后对不同物资打入不同的提前量，来编制按月的材料采购和加工计划、设备购买和租用计划、油料和配件采购计划、劳工及技工雇佣计划、管理和技术人员进退场计划，乘以不同物资和人工的单价，即可得出按月的资源费用计划。另一方面，将施工进度计划中每个月完成的分项工程量乘以分项工程单价，可以得出每个月的工程额，按2个月时间完成该工程额90%的资金回收即可计算出按月的资金回收计划(图7)。将资源费用计划和资金回收计划按月叠加，即可得到资金流计划，从而编制出资金筹措计划。

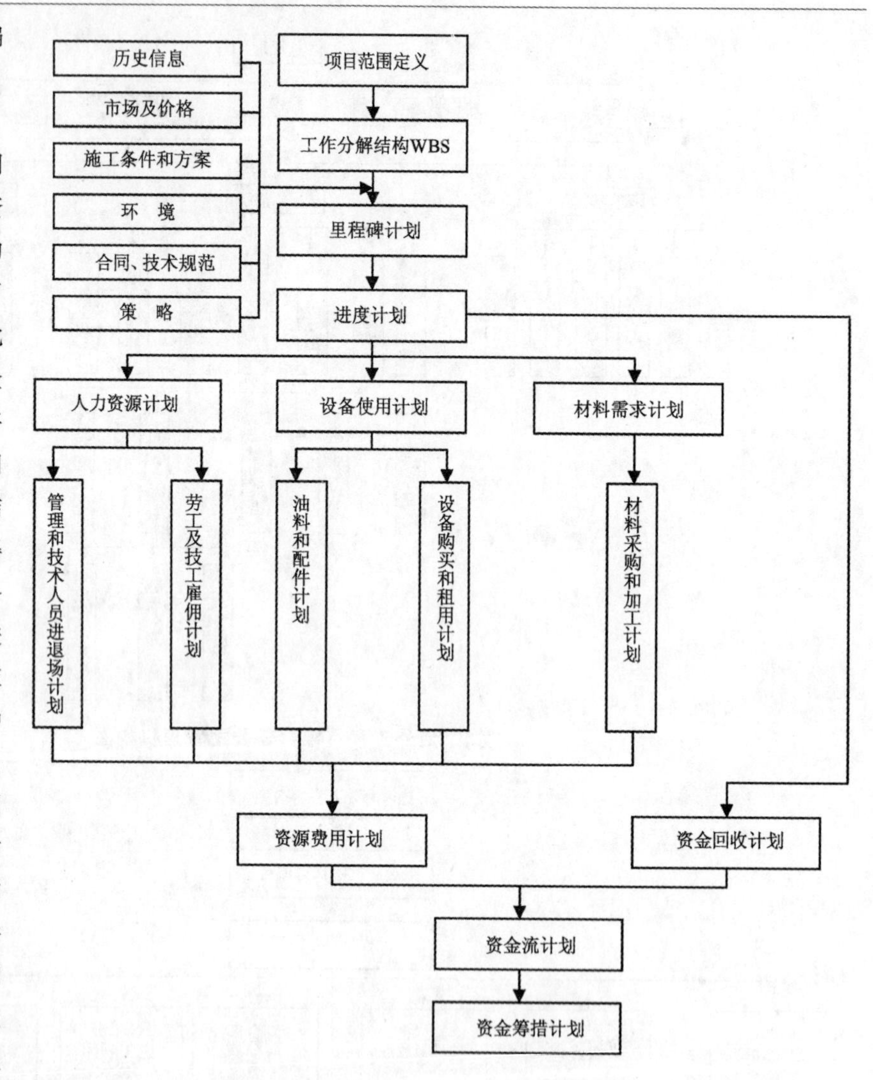

图6 柏马公路项目资源计划编制流程图

三、项目实施控制与管理

1.项目启动

首先，从公司调配或从社会聘用，挑选英语好、懂商务、知晓工程专业的技术人员组成项目经理部管理团队。

其次，将各项任务和管理职责落实各个管理层、执行层，具体落实到岗位、个人。根据项目总体目标，由项目总经理和总工负责项目管理策划和目标分解工作、项目结构分解、阶段模型、里程碑和进度计划。上述计划获公司总部批准后实施。

届时，本项目正式授标于中方公司，与该国政府总督签订了合同书，可进驻营地用地，工程现场准备进入了实质性阶段。经理部开始招聘当地雇员，根据营地施工计划在当地定购营地施工材料和物资、签订部分营地施工分包合同、初拟项目管理规章制度20多项，拟定中方人员进场计划和机械设备配置计划、需要中国采购的物资计划等。国内办事处根据机械设备配置计划，与工程机械公司等进行采购谈判和签订采购协议；根据中方人员进场计划，办理中方人员的调用、护

照、签证等手续;根据需从国内采购的物资计划采购物资并负责租用专船运送到项目所在港。

经理部经过分析认为本项目的软土地基处理是关键路径上的最关键的工作，其工作进程将制约整个工期,所以专门列出一个研究课题交于国内,由工程部组织国内软土地基专家研究最佳施工方案。

本项目的管理工作前移了一个多月,在真正签订项目合同后不到10d的时间内,即基本具备了开工条件,并按照合同规定于1996年4月1日正式开工。

2.项目控制

控制等于计划加监督加纠正措施，监督是指对实际运行情况进行动态跟踪检查，采用一定的手段和工具,及时发现问题,分析问题的原因。然后采取组织、技术、管理和经济措施来纠正偏差,如果出现超出项目经理部管理范围的重大问题和偏差,项目经理部马上提出问题和建议，上报办事处和公司项目办研究解决方案,及时处理重大的问题,保证项目“四控”按照计划运行。

(1)进度控制

在进度控制方面，采用关键路径法即CPM网络技术,以制定的项目进度计划图作为基础参照系,用实际的进度与之相比较，可以马上发现工程实际进度和目标计划进度的差异,再进行关键线路的重点比较,就能立刻找出主要问题或问题的主要方面，及时分析和调整下一步的施工安排，使工程进度发展向计划进度靠拢,从而达到对工期的控制。由于整个项目的子项很多且工序复杂,但关键线路上的关键工作时间有限,并直接影响整个工程的进度。故把工程子项或工序进一步分解、细化,实行分级管理和动态控制,以达到“以点代线、以线代面、控一方而稳全局”的效果。

(2)成本控制

“节流”是成本控制的关键,该项目平均每月的资金支出约120万美元左右，控制好项目成本至关重要。根据项目进度计划和资源计划,在满足业主和合同要求的前提下,选择成本低、效益好的最佳成本方案,对施工成本进行科学的估算和对成本水平和发展趋势进行分析预测,在施工成本形成过程中,针对薄弱环节,加强成本控制以逐步实现项目成本目标。

成本计划和控制的任务主要包括:成本预测、成本计划、成本控制、成本核算、成本分析和成本考核。主要工作内容有:确定费用构成元素;分析和区分项目结构中每项工作的相关费用;估算每项工作的人、料、机的费用和间接费用;进行成本预测和定义费用目标;衡量计划开支与承担的实际费用;分析薄弱环节,加强成本控制,使实际与计划相一致或更低;分

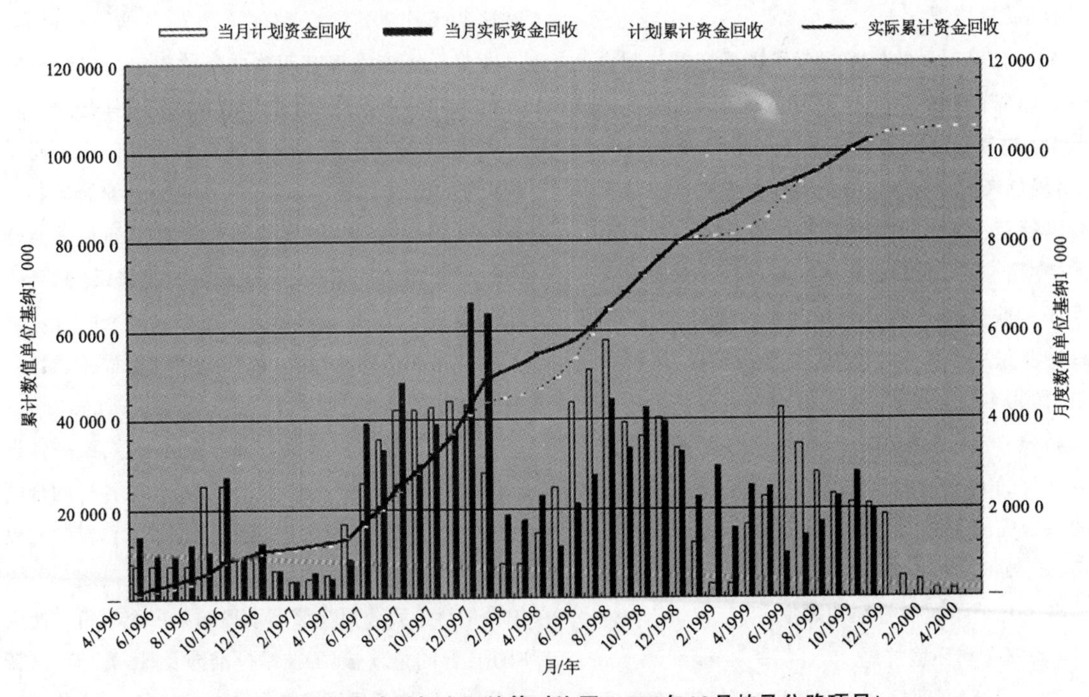

图7　资金回收计划与实际结算对比图(1999年10月柏马公路项目)

析变动及其原因；考虑全部变更和要求；费用水平和趋势预测；预测总费用和剩余费用。在管理中，对成本目标责任制进行从上到下分解和从下到上层层落实，把成本单位分解到最基层。

在项目实施过程中，定期地将费用实际值与计划值进行比较，采用多重方法进行分析，当实际值偏离计划值时，分析产生偏差的原因，采取适当的组织、管理、技术和经济纠偏措施，从主动控制的角度出发，减少或避免相同原因的再次发生或减少发生后的损失，以确保成本控制和费用目标的实现。通过上述费用管理和成本控制，到1997年10月施工累计进度达到33%时，项目已经偿还了公司投入的启动资金300万美元，费用收支进入良性循环，并开始创造项目资金节余。

该国银行的存款利息较高，曾经一度高达24%。我们千方百计加强资金有效运作，认真分析研究每月各项资金的使用规律，在保证项目正常资金使用的前提下，利用资金相对闲置时间，打时间差，将资金分别存入各种期限的流动账户，使流动资金取得最佳效益，四年下来，利息的合计收入达到40万美元。同时，由于当地币贬值，我们采取了远期汇率保值的方法，降低了当地币贬值的损失。

(3)质量控制

柏马公路项目的技术规范和质量标准与国内的规范和标准有较大的差异，采用澳大利亚AS规范或英国BS规范。因此必须充分学习和掌握好技术规范，用规范来指导施工。项目经理部组织员工认真学习技术规范，同时建立必要的技术管理规章制度和技术档案。按照ISO 9000标准和总公司的质量手册和程序文件，建立了本项目的质量保证体系，编制了项目的质量手册和程序文件，并严格贯标，进行质量控制。1999年，ISO 9000认证机构在对我公司年检时以柏马公路项目为抽样，专程来巴布亚新几内亚检查本项目的ISO 9000贯标情况，经检查他们认为我们的系统完善、文件齐全、贯标认真、记录完备、完全合格。有效的质量控制保障了项目的顺利实施，也大大提高了我公司的信誉和知名度。

(4)安全和环境控制

项目一开始，项目经理部就按照合同和业主的要求制定了“项目安全管理控制程序”和“项目管理安全保证体系”。项目总经理为项目安全生产第一责任人，牵头成立安全生产领导小组和管理机构，本着“管生产必须管安全”的原则，其成员由项目经理部有关部门负责人和专职安全员组成。各作业队也相应成立安全生产领导小组，并配备一名专(兼)职安全员。用“项目安全生产责任制”，明确安全体系成员的责、权、利；建立安全培训和生产例会制度，以及项目施工现场安全生产排查和检查制度，对安全工作的效果奖惩有据。

在环境保护管理方面，严格按合同规定对施工现场环境保护提出下列要求并张贴在各施工班组，要求全员严格做到定期检查和考评，并将结果与奖金挂钩：

①施工现场、临时便道应有防尘、降尘、除尘设施；②如有排放烟尘设备，对烟尘黑度应有监控；③废弃材料按业主指定的位置和方法堆放；④污水按照规定进行处理，不得随意排放；⑤油料库应有防渗漏措施；⑥强噪声设备应采取降噪措施。

四、合同管理与索赔

FIDIC认知项目管理是多种资源的利用与工程活动的协调，将各部分的单独工作综合成多专业、多方面的整体努力，这与PMBOK是一致的。但FIDIC对这些工作的定义、责任、义务及完成的时间、顺序以及奖罚措施等都有明确的条款规定，成为合同各方行为的约束准则，这是PMBOK所不具备的。在项目实施中，FIDIC条款决不能被动地去使用，而是要积极主动地去理解和应用。因为FIDIC对合同各方都有约束，如果你被动，比如事先没有了解和领会合同而犯了程序上的错误、或过了时效等失误，就会受到处罚和失去权利；如果你主动按照合同条款规定采取积极有效的措施和行动，就会在回收工程款、索赔、变更等过程中占据主动地位，从而取得良好的效果。

柏马公路项目涉及方方面面的利益，维护各自利益的手段就是合同，柏马公路项目各种各样的合同达150多份。因此，起草合同、熟悉合同、履行合同、变更合同和利用合同是柏马项目成功与否的关键之一。由于柏马项目是我公司在该国承揽的第一个项目，使用的FIDIC合同条款，施工技术标准涉及日、英、澳、巴新等国的。根据该项目管理特点和合同执行要求，建立了以

FIDIC为依据的合同管理模式，严格按照FIDIC条款要求来执行各项工作，全力满足和配合了业主和监理的工作开展，同时也保护了自己的权力和利益。

FIDIC合同管理模式实行过程控制，涉及承包商行为的所有方面，渗透到承包商施工的每一个工序和环节。对FIDIC条款、特殊条款以及技术规范的透彻理解是承包商进行合同管理和具体施工的基本前提，否则将寸步难行，处处被动。合同管理不可能是一两个管理者所能做到的，要求所有现场管理人员、工程技术人员都要有一定相应的理解和认识，能熟练地依据合同条款与现场监理工程师一起处理日常业务。

(1)合同文档管理

合同管理制度非常重视书面文件和书面证据，所以我们尽可能地用书面形式向监理提出申请、确认双方认同的事实。对于监理书面提出的、而我方并不认同的事情，不仅要及时解释澄清，同时还要以书面形式向监理说明。凡是监理要求的检查、试验等，都必须请检查人在书面文件上签字认可。要认真做好技术资料、计量资料、文件档案的分类、整理和保存工作。根据合同条款，监理工程师有权在任何时间要求承包商提交或重新提交各种与工程有关的文字资料、数据资料及图纸资料；监理工程师也有权在任何一期的支付中对以前的支付做出调整和更正，在最终结量以前，所有数量都是暂定数量，所以完备资料的档案分类和保存工作很重要。如果文件不完备、书面证据不充分，承包商将肯定处于不利位置。

为了尽快回收资金，我们按合同规定的计量要求，及时进行工程的报验，并采用计算机辅助管理，每月底及时上报当月中期计量和付款证书报告，在一周之内完成监理和业主的审批工作，并快递日本海外合作基金审核和办理资金拨付，一个月之内所申报的工程款就能进入我项目账户，比合同规定的2个月整整提前1个月，使项目资金流在项目实施的较早期就进入了良性循环，并在施工进度到50%左右就开始边施工边赢利，这是其他同类项目几乎无法做到的。

根据FIDIC条款，承包商可以按照物价指数的变动对工程款进行价格调整，项目组安排专人对巴新、澳、中、日等国的价格指数进行跟踪和收集证据，抓住每一个有利时机，及时编制和上报价格调整申请报告，使调价公式最大限度地为我所用，共获价格波动补偿金750万美元，通过知识管理和机会管理为公司多创造经济效益。

(2)索赔事件管理

工程索赔一般指承包商在合同实施过程中，对非自身原因造成的工程延期、费用增加而要求业主给予经济补偿的一种权利要求，是保护承包商利益的有效方法之一。我们严格按照FIDIC条款的规定，及时记录并通知监理索赔事件及其原因，按索赔程序办理索赔申请，收集索赔证据和编写索赔报告，积极配合监理开展索赔调查，保证索赔工作的有效开展，对于监理或业主的不响应情况，则按照合同规定的争议解决程序办理纠纷处理。有理有节地按合同条款要求来开展索赔工作。

在保险方面，按照合同规定，我们为项目上了工程全险、第三方责任险、工人工伤险、运输险、车辆险和施工机械设备险。出险时，我们及时收集损失证据，通知保险公司，提出理赔申请和要求，获得保险理赔逾30万美元。

(3)工程采购管理

为保证施工正常进行，大宗材料、机械设备及零配件的采购工作极其重要。本项目采购工作量很大，光合同就有90多份，采购涉及的环节多，如国外供货商、银行、海关、清关代理公司和提货运输各个环节，其商业风险很大。采购工作对于施工进度、质量和施工成本的影响非同小可，因而采购管理必须给予足够的重视。本项目对采购制定了一套严密的规章制度，规定采购申报审批程序，指定既懂采购知识、经验丰富，又廉洁奉公、作风正派的人员负责采购工作。几年下来，采购的沥青、水泥、石料、机械设备、配件等物资价格合理，清关、提货、运输到场均及时完成，没有出现失误现象，既保证了材料、物资和设备的按时保质供应，又控制了成本。采购管理的成功也是本项目取得良好经济效益的重要一环。

(4)项目信息管理

像柏马公路这样的大型、点多、位置分散及偏远型项目，必须建立有效的通信和信息管理体系，以达到信息管理的基本要求，即做到信息的准确、即时和统一。我们建立了先进的无线电通信系统和定期有效的项目报告体系和例会制度，定期收集、汇总和统计来自各标段、工作面、工作队的各项数据和信息，及时分析数据和信息。一方面定期向业主、监理和公司报告，另一方面利用这些数据作动态分析，及时发现项目运转中的问题，并采取各项纠偏措施。

根据与业主和监理的文件往来要求和内部文件要求，设计了项目文档格式模板、文件管理流程，建立了文件管理和档案制度，并采用了计算机辅助管理，保证文档分类保存和电子版备份。项目文档与信息管理系统和项目报告模板的建立，不但保障了事件信息全面如实记录，项目执行情况全面真实通报给各管理层，给项目控制与纠偏、项目重大科学决策提供了真实可靠依据，还做到了事件责任的可追溯、为项目考核提供良好的依据，同时为项目索赔和变更管理提供了充分有力证据，为项目成功索赔打下了良好基础。

(5)项目沟通管理

沟通是项非常重要又非常艰巨的工作。原因是项目实施不仅远在异国他乡而常常远离城市在穷乡僻壤，工程管理链需从国内跨越至国外进而延伸到项目现场，一旦沟通不能覆盖管理链，就会形成信息断链、信息不对称、可能造成配合协调脱节、决策失误乃至影响项目计划的实施。项目团队运用了先进的通信方法和工具，建立了国内外顺畅的通信机制，为组织和协调、监督和控制奠定了物质基础。同时充分利用好各种社交机会和资源，彼此增加互信关系，为沟通创造良好条件。由于项目干系人的利益出发点、接受的教育、文化传统差异、工作的理念和思路及解决问题的方案不尽相同，建立和保持良好的沟通机制显得更为重要。在本项目中，出资人是日本政府和B—X政府，项目主任是斯里兰卡人，管理人员是B—X人，监理有美、英、日和当地人等，六个国籍的人员在一起工作其难度是不言而喻的。在对外沟通中，还要采取各种正式、非正式、定期、不定期、官方、非官方的交流和沟通方式，对政府部门、业主、监理、当地行政机构、地方长老、教会、分包商、合作伙伴、本土雇员进行有效交流，了解当地文化，尊重当地传统习惯、风土人情和宗教信仰，真诚地建立良好的友谊关系。

五、该项目管理实践的成功点

本项目最终创造了30%以上的利润，可以说是目前国际工程中的奇迹。柏马项目管理的实践启示很多，它主要告诉我们：

(1) 充分体现管理出效益的理念。该项目实施中，多方位、多层次的管理到位，是项目成功的关键。严密的组织管理、严格的合同管理、严谨的成本管理、严肃的文档管理、严细的质量管理、严明的资源管理、严实的信息管理、严整的采购管理、诚信实意的沟通管理，机制健全、认真负责、一丝不苟始终落实到一以贯之的全面管理中，这是多么不容易坚持到底的事情！

(2)现代管理与传统经验的得心应用。国际工程项目的实战中，必须用现代项目管理知识体系来指导传统管理经验的应用，并使它们有机结合、不断创新。如WBS、EAC、PDCA、“伙伴关系”等的运作，在该项目控制与管理中处处表现得较为结合自如、得心应手。

(3)学习与提高的完美结合。在与外国业主和监理的合作过程中，要充分学习国际先进的项目管理理念、方法和工具，提升管理能力，发挥自身技术优势，创造出优良工程和效益；同时又用项目的实践经验创新丰富了国际工程管理的内涵，提高了知识体系的完整性和科学性。

(4)FIDIC原理运用的充分体现。在该项目中，完整地、充分地、圆满地运用了FIDIC原理。最突出地表现在工程合同管理、索赔事件管理、HSE现场管理、工程进度管理、质量管理、资金运作管理等方面，达到细节化、层次化、科学化甚至完美无缺的高度，令人赞叹的地步。

(5)团队精神发扬光大的提升。贯彻“走出去”的大政策，搞国际工程承包其目的说到底就是为国家、公司、团队和个人，创造价值、体现价值，该项目设定的各项目标可以说都完成了，30%以上的利润率说明了一切，这是该项目团队团结一致、共同奋斗，克服千难万苦拼搏的硕果，同时大家也获得了幸福和快乐。

(6)施工组织管理具体、全面、到位。这是该项目成功的又一大特点，国际工程本身的难度就大，这个项目的技术难度是难上加难，如软土地基处理、热带雨林的问题，再加之社会劫匪环境等棘手问题，对如此众多难题，项目团队能一一化解，不但是该项目成功的因素，也是一个值得让业内人士深入反思的课题。

对某港高桩码头滑坡事故中施工管理的反思

◆王海滨

(中交第一航务工程局有限公司, 天津 300461)

摘　要:本文阐述了某港高桩码头泊位滑坡事故的基本情况、事故原因的分析、事故的处理,就工程的项目管理对事故进行了实事求是的反思,从中总结了应吸取的经验教训。

关键词:高桩码头,滑坡,管理,教训

一、工程概况

1.工程的结构形式与工程规模

某港拟建 2 个 3.5 万 t 级矿石码头泊位 (1 泊位、2 泊位),每个泊位长 180m,码头为高桩梁板式结构,桩基为 600mm×600mm 预应力混凝土空心方桩。码头断面结构形式如图 1 所示。

2.工程的地质条件

施工区域地层主要分为 5 层,自上而下分别为:

①淤泥层:层厚 7.2~9.5m,流塑状,分布均匀、高压缩性;

②淤泥质黏土:层厚 4.1~5.5m,软塑–流塑态,均匀、饱和、高压缩性;

③粉质黏土:层厚 2.4~7.9m,可塑、中压缩性;

④粉土:层厚 8.9~14.1m,密实,平均 N=45~52;

⑤粉砂:极密,平均 N=62;

所处海域为不规则半日潮。

3.工程项目的组成

1)码头工程

码头主体工程,包括沉桩、构件预制、安装、上部结构施工。

由业主招标承包给了甲公司。

2)岸坡及港池挖泥

岸坡及码头前方挖泥,由业主招标承包给了乙公司。

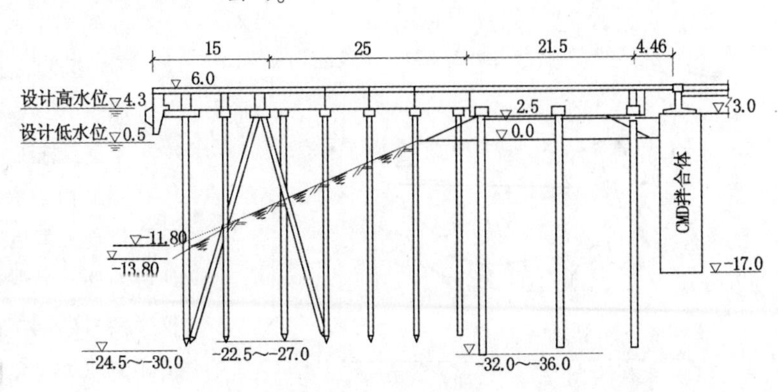

图1　码头断面示意图(m)

3)后方软基加固(堆载预压、真空预压)

码头后方堆场软基加固分别承包给了丙、丁两个公司同时施工:

对应于1泊位的软基加固(甲区)承包给丙公司,合同规定采用堆载预压法加固施工。

对应于2泊位的软基加固(乙区)承包给丁公司,合同规定采用真空预压法加固施工。

预压荷载要求为80kPa。工程的组成和分工如图2所示。

二、滑坡事故经过

施工全面展开大约70d后的某天清晨,施工人员正准备进入施工现场,据目击者称,首先发现围堰后的泥面出现裂缝,现场并伴有一阵持续沉闷的轰隆声、地面振动,随之在甲区发生了大面积滑坡。经调查测量,滑坡的范围为:沿岸线(东西向)135m、陆域纵深(南北向)125m,面积约1.5万 m^2,约有3.5万 m^3 土、砂滑入海中。同时将前方已经沉毕的54根桩全部推倒,岸坡及港池已近竣工的浚深挖泥区,也被滑坡土体全部填充,此外,甲区岸边的塑料排水板插板机、排泥管、空压机、发电机、配电箱、电缆、水泵、运输车等也随之滑入海中。所幸是施工人员正在准备但尚未进入现场,没有造成人员伤亡。滑坡区测量平面图如图3所示。

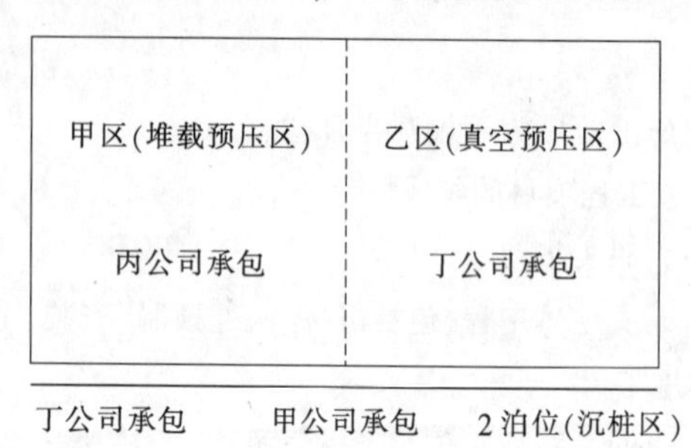

图2 工程的组成和分工

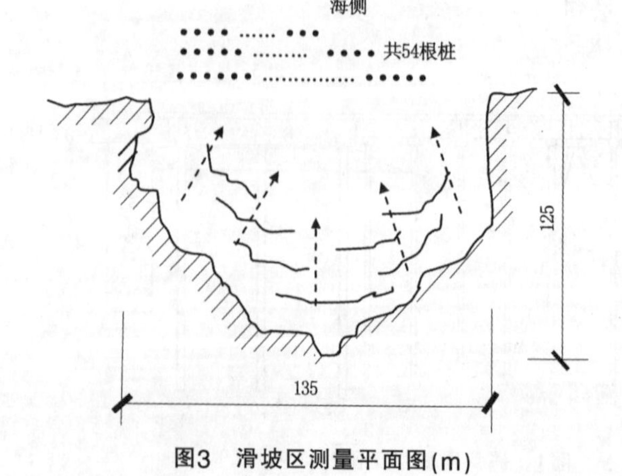

图3 滑坡区测量平面图(m)

事后调查表明,事故发生时,后方甲、乙两区软基加固塑料排水板插设已经完成,甲区堆载三级荷载已经加毕(堆高约3.8m)、乙区真空预压的真空度已稳定在80kPa,甲区1泊位岸坡挖泥已完成,沉桩54根,港池浚深正在进行。事故发生后,沉桩、挖泥、软基加固各承包单位施工全部停止。乙区的岸坡稳定、真空预压加固软基施工继续正常进行。

三、事故原因分析

经过现场调查、分析,事故的主要原因如下:

1.工程施工顺序安排不合理,协调不力,对岸坡稳定形成了最不利的荷载组合

甲区堆载预压在进行中,堆载已达3级(堆高3.8m),荷载约为47kPa,致使堆载区的岸坡土体产生向海侧的挤出侧向变形。而此时岸坡和港池的挖泥与堆载同时施工,随着浚深的增加,使岸坡的陡度不断加大。

在这种情况下,在岸坡及其前沿同时实施沉桩,沉桩施工的振动(沉桩用D100柴油锤)及岸坡桩的下溜趋势,进一步加剧了滑坡发生的趋势。

2.港池挖泥严重超挖

由于岸坡挖泥有时受水深限制,有时与沉桩单位相互干扰,在1泊位挖泥区严重超挖,超挖范围大,在码头岸线范围内超挖0.5m以上的达70%以上,平均超挖深2m、最大超挖深为5m。沉桩施工和软基加固施工对超挖状态并不知晓。

3.盲目施工

(1)由于承包堆载预压的丙公司将堆载料的运输分包给了某包工队,运输中的野蛮施工使该区所埋设的施工监测仪器(沉降、侧向变形、空隙水压力仪、测斜仪等)均被不同程度地损坏,使整个堆载施工完全处于一种盲目状态,对于堆载后的地基固结程度、沉降是否稳定,甚至对堆载后预压区不断加剧

发展的侧向变形和滑动失稳的临界状态一无所知，当然也未能及时引起施工的警戒和采取应急措施制止滑坡的发生。

(2)《工程建设标准强制性条文》中规定“施工期应验算岸坡由于挖泥、回填土、抛填块石和吹填等对稳定性的影响,并考虑打桩振动所带来的不利因素。施工期按可能出现的各种受荷情况，与设计低水位组合,进行岸坡稳定验算”。该工程事先没有进行这种验算,施工过程中,由于监测仪器的损坏,土体各种指标的变化无从获得,验算也无法进行。否则,滑坡的危险或许会被提前发现和制止。

(3)客观原因是,滑坡发生时恰逢望日(农历八月十六)大低潮(潮位+0.5)。

(4)事故发生后对岸坡稳定性的核算

a 对甲区发生滑坡的核算

根据滑坡发生时的工况，结合滑坡后的地质钻孔资料各土层的指标，应用地基计算系统 DJ 95 对滑坡的发生进行了验证性计算。

计算结果表明,在②、③层土的结合面,抗滑稳定安全系数 K 仅达到 0.831、圆弧滑动半径 R 为 34m,如图 4 所示。

b 对乙区真空预压岸坡稳定的分析

在甲区发生滑坡时，乙区真空荷载稳定在 80kPa 已两周,施工区内埋设的各种监测仪器工作正常、观测数据连续,测得岸坡土体背海向岸侧的平均变形为 12.5cm、平均沉降为 32.7cm,土体得到了一定程度的固结,保证了岸坡稳定,显示了真空预压加固软基有利于岸坡稳定的技术优势。

四、事故的处理

事故的调查处理,必须坚持“事故原因未查清不放过,事故的责任者未受到处罚不放过,群众未受到教育不放过,防范措施未落实不放过”的原则。具体处理工作是：

1.事故发生后,各单位立即将情况向各有关部门(各上级主管部门、集团主管部门、交通部质量监督部门、当地安全生产监督、质检、公安、检察、工会等部门)作了汇报,内容包括事故发生的时间、地点、经过等。

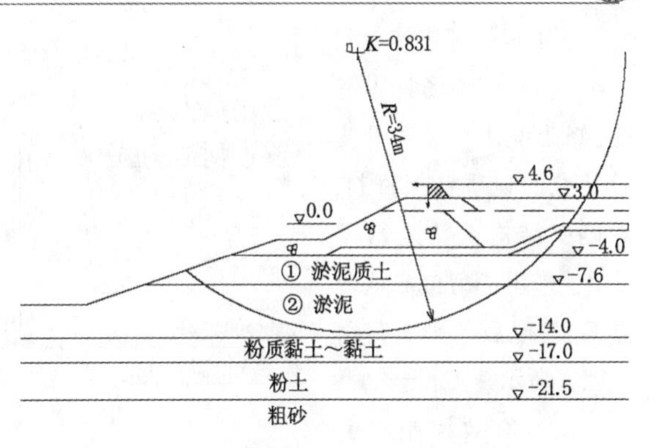

图4　对滑坡发生的核算图式

2.保护好滑坡事故的现场,在事故调查组调查、取证、记录完成前,不移动、清理现场。

3.组织调查。在接到事故报告后,企业负责人立即组织生产、技术、安全、工会等部门的人员组成事故调查组赶赴现场进行调查。

4.现场勘察。调查组现场勘察的主要内容有:做出笔录、现场拍照(录像)、现场测绘等。

5.分析事故原因,确定事故性质。

(1)查明事故的经过,弄清造成事故的人员、设备、管理、技术等方面的问题,确定事故性质和责任;

(2)封存、整理、查阅有关资料,根据调查确认事故的事实;

(3)根据调查确认事故的事实按《企业职工伤亡事故分类标准》(GB 6441-86) 标准附录 A 的 7 项内容进行分析，确定事故发生的直接和间接原因以及事故的责任者，进一步通过对直接和间接原因的分析,确定事故中的直接责任者和领导责任者,再根据其在事故发生过程中的作用,确定主要责任者。

6.提出调查报告

调查报告的内容包括事故发生的经过、原因分析、责任分析和处理意见、本次事故应接受的教训、整改措施的建议等。调查组全体成员签字后报批。

7.事故处理和结案

事故调查报告经有关上级各部门审批后，确定了本次事故相应的责任人、直接责任者、主要责任者、有关领导者及其应负的责任,分别受到了相应的处罚;总结了教训、落实了整改和防范措施;职工受到了教育。

8.工程处理措施

(1)根据现场具体情况,修改设计。根据滑坡后补充的地质钻探资料,对码头结构重新进行了设计,采用了高桩宽承台方案,修改后的码头断面如图5所示。

(2)有效控制水上挖泥。

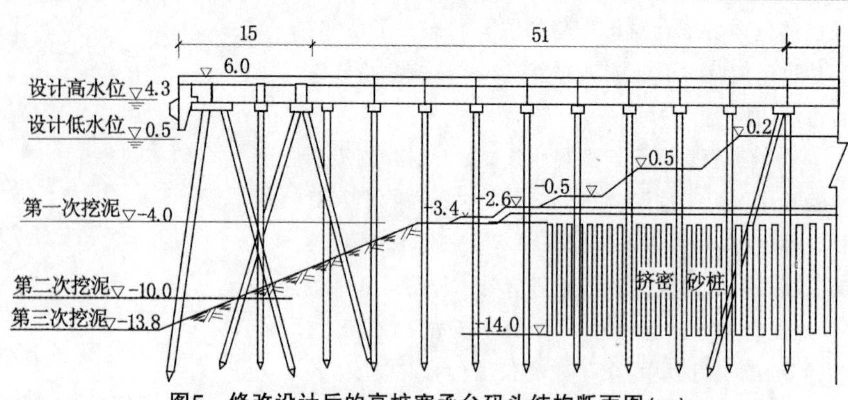

图5 修改设计后的高桩宽承台码头结构断面图(m)

由于滑坡,使挖泥区情况变得复杂,夹有断桩、围堰块石等杂物,针对不同情况选择不同的挖泥设备,挖泥分层厚控制在50~100cm内,挖泥过程中,勤对标、勤测深,严禁超挖。

(3)采用挤密砂桩加固岸坡。

挤密砂桩在大面积施工前,先进行了100根桩的试验工程,对比和优化挤密砂桩的施工参数,试验工程完成15d后,经中心标贯测试后,确定大面积施工的工艺参数,施工质量良好。

(4)为防止对岸坡稳定的影响,已倒的54根桩,妥善处理,不予拔出。

(5)沉桩采取了"间隔跳打"、高潮打近桩、低潮打远桩。

(6)重新设置观测仪器、加强观测、指导科学施工。

实践证明,这些措施是有效的,工程已顺利竣工、正常运营多年。

五、应吸取的教训

1.工程不能肢解得过于分散

该工程沉桩、挖泥、软基加固的施工,其相互的关联性和制约性很强,对于这样的工程,不应该过于分散地发包。在本工程中,总计发包给了甲、乙、丙、丁4个独立、不相干的公司承担,相互之间无制约、难协调,是工程在组织、管理方面酿成事故发生的根本原因。

2.应该对参与施工的各单位建立起有效的制约和协调机制

这种制约和协调机制应在合同中加以明确和规定,各单位应按合同规定加以贯彻落实和执行,监理工程师应该在工程开工后按合同规定有效地进行监理、监督。

3.施工开始前,应该以承包主体工程施工的甲公司为主,协同参与工程的其他各单位编制统一的施工组织总设计,落实合同中规定的制约和协调机制。各单位必须严格按照施工组织总设计的统一安排,分别编制各自的施工组织设计,并在施工中落实执行。

4.该工程施工,应提前进行甲、乙区的软体地基加固,使软土土体的沉降量、抗剪强度、承载力值达到设计要求的指标。在软基加固的过程中,特别是对于堆载预压,应该加强观测,根据观测结果决定持荷时间及下一级荷载的加荷时间等。岸坡及港池挖泥前应按《工程建设标准强制性条文(水运工程部分)》对岸坡施工期的稳定进行验算,港池挖泥应逐层进行,严禁图方便在码头前沿先超挖大坑、靠斜坡区泥溜滑入大坑的做法。

5.软基加固施工中、特别是堆载预压中堆载料的倒运、堆荷中,必须强调对所埋设的各种观测仪器的保护,对分包运土单位进行技术交底,强调保护观测仪器的重要性,并落实施工中的具体保护措施。仪器的埋设也应做出明显标志、采取有效的自身保护措施。保证仪器的完好,应当根据观测结果指导科学地组织施工。

6.在斜坡泥面上沉桩应采取削坡和分区跳打的措施。

7.挖泥和沉桩的施工可考虑避开特大低潮时段进行。

略论工程施工项目索赔(补偿事件)报告模板

杨俊杰　高也立

索赔是国际工程承包中经常发生的正常事项，是对外承包企业利用客观性、合理性、合法性及双赢性获取补偿的经济活动。索赔是指在合同履行过程中，对于非自身的过错，而造成的损失或社会影响，向对方提出经济补偿和延误补偿的合理要求。

施工索赔是索赔中的一种，其实质是通过承包施工合同条款的规定，对合同价进行适当的、公正的调整，从而弥补承包商不该承担的损失，使承包商与业主得以公平分担工程中的风险。

对于合同双方来说，索赔是维护双方合法利益的权利。承包商可以向业主提出索赔，业主亦可向承包商提出索赔。在分包合同中分包商可以向总包商提出索赔，总包商亦可根据合同规定向分包商提出索赔。

索赔的性质属于经济补偿行为而不是罚款，索赔属于正确履行合同的正当权利。在合同权限范围内，施工索赔与违约责任是两个既有联系又有根本区别的载体。施工索赔是处理非主观过错违约责任的一种方法，它的客观因素或不确定因素较多，是合同当事人为正确履行合同义务而采取非人身惩罚或不追究责任的事件，只要求对当事人造成的拖期或经济损失进行补偿的一种手段。违约责任的主要特征是合同当事人有主观上的过错，且过错事实构成违约责任的主观条件。

工程索赔的动因：盖因工程本身和实施环境有深层次的不确定性。在实施工程合同全过程中，引起索赔的动因是多方面的，主要有(但不限于)：

1)设计方面。

2)合同的缺陷。如合同条款用语含糊、不够准确；合同条款中存在某些漏洞，合同条款潜在性的矛盾；构成合同文件的各部分文件规定不一致。

3)因文化背景等对合同理解上差异。

4)业主造成的原因而违约。

5)工程风险分担不平衡。

6)施工条件环境发生变化。

7)工程变更。

8)工程拖期。

9)项目所在国法规、条法、条令等制约、改变。

10)其他因素所致等。

但是，就承包商来说，在处理索赔事件而要求业主补偿经济损失或工程延误等问题时，往往不知从何谈起，所撰写的报告缺乏规范化、科学化、程序化，因此有时很难达到预期的理想效果，特别当遇到一揽子索赔时更是难度大。据此，我们在相关案例的基础上提供了一个具有一定代表意义的施工索赔模板及案例(示意性质)，供同行们切磋，请予以指正。

试用该模板请着重注意以下三点：①树立系列化和系统化意识。这是由构成索赔报告的若干资料、材料、证据、众多附表等不可或缺的价值链特性决定的。②不同工程项目的特定性和特殊性。该模板不是一概可以套用的，它应当根据不同性质的工程项目有针对性地做出调整后参用。③形成索赔报告的完整性和价值性。

在①和②有机的、相互关联的、类别不同的价值链的集成基础上，拼成五光十色的一副美丽漂亮的、无懈可击的索赔“镶嵌画”。

报告编写负责人:

报告审核人:

文件编号

日期:××××年×月××日

题目:针对什么问题提出的补偿事件,如××项目标题可否拟为《关于因业主合同终止造成我方成本和费用大幅度增加而要求的补偿事件》等。

事件:简明扼要说明项目背景,叙述事件的起因,如业主原因引起的事件经过、事件过程、对方不符合合同的行为或没有履行合同责任的情况等。注意,这里需要提出事件的时间、地点、事件的结果,并引用报告后面附件中的证据作为证明(详见附件一、二、三……)。

理由:总结上述事件,同时引用合同有关条文,证明对方行为违反合同或对方的要求,超出合同里的规定,造成了该干扰事件,业主有责任对由此造成的承包商损失做出补偿。

影响:简要说明事件对承包商施工过程的影响,而这些影响与上述事件有直接的因果关系,重点围绕由于上述干扰事件原因造成承包商的成本费用增加和工期延误,与附件证明材料中的费用分项计算应有一一对应的关系。

结论:由于上述干扰事件的影响造成承包商延误工期和成本费用的增加,通过详细的索赔值(补偿费用)的计算(包括对工期的分析和各项费用损失的分项计算)提出:

1.具体费用补偿值;

2.延误工期的补偿值。

附件:报告中所列举的干扰事件的事实、理由、影响的证明文件(合同条件、信函、文件、图片、财务会计票据和报表)和各项计算基础、计算依据的证明等。

附件一:劳务费用计算及其证明

1.人员出入境名单证明(使馆帮助出具证明);

2.护照复印件;

3.机票。

附件二:分包损失费用计算及其证明

1.分包合同复印件;

2.预付款财务单据。

附件三:由于业主原因造成工期延期及其证明

1.图纸延期提供;

2.工程款延期支付;

工程款延期支付及其证明 (监理工程批准文件证明;工程款支付报告)。

附件四:开办费和遣散费计算及其证明

1.开办费项目清单及其公证证明材料;

2.遣散费清单及其公证证明材料。

附件五:财务成本损失的计算及其证明

1.垫资费用;

2.中止合同后信用证损失;

3.现场管理费损失。

附件六:保函损失费及其证明

附件七:设备材料滞留折旧损失费

附件八:完工实物量计算及其证明(以现场测量为依据)

附件九:预期利润损失费及其证明

其他补充附件

需从下述资料中整理出对索赔(补偿事件)有利的证据材料。

- 施工现场记录证明材料;
- 监理工程师的指令;
- 与业主或监理工程师的来往函件和电话记录;
- 现场施工日志;
- 每日出勤的工人和设备报表;
- 完工验收记录;
- 施工事故详细记录;
- 施工会议记录;
- 施工材料使用记录本;
- 施工进度实况记录;
- 工地风、雨、温度、湿度记录;
- 索赔事件的详细记录本或摄影、摄像;
- 施工效率降低的记录等。

工程项目财务报表,如:

▶ 施工进度月报表及收款记录;

▶ 工人劳动记事卡及工资历表;

▶ 材料、设备及配件采购单;

▶ 付款收据;

- 收款收据；
- 工程款及索赔款迟付记录；
- 迟付款利息报表；
- 向分包商付款记录；
- 现金流动计划报表；
- 会计日报表；
- 会计总账；
- 财务报告；
- 会计来往信件及文件；
- 通用货币汇率变化等。

K国学校工程承包项目因合同终止造成的成本和费用增加，要求补偿事件的报告

K国公共工程署：

建造事务主任××××阁下：

问好！

阁下于××××年×月×日来函，我方已认真阅悉，中方人员已于×月×日全面撤离现场，但在贵方发出终止和驱逐通告中，贵方某文中含有继续施工的信息，造成我方在分包商信用证和预付款支付上，合同终止后不应有的损失。现将我方盖因贵方合同终止而造成的经济损失赔偿事件报告如下。

一、学校工程项目执行情况

中方某工程建设有限公司于××××年×月在K国承揽了该学校项目。雇主为该国政府公共工程署，地点在首都多哈市内以及周边地区，资金来源为国家财政。

学校的主体建筑物完全相同，为两层框架结构，仅庭院部分略有变动。单个学校建筑面积9 369m²，总建筑面积46 845m²。承包范围包括土建、装修、机电设备采购和安装。单个学校工程造价为45 880 000里亚尔，折合人民币约为95 292 760元(根据当日汇率1:2.077)。学校工程总造价为229 400 000里亚尔，折合人民币约为476 463 800元(计6 285万美元)。该项目合同工期：371d。自××××年×月××日开工，××××年×月××日竣工交验止。其保函额度为：20%的预付款保函，合计金额为45 880 000里亚尔；10%的履约保函，合计金额为22 940 000里亚尔。该项目在银行的贷款为1 200万美元。

付款条件：甲方在接到预付款保函后支付工程款20%的预付款，工程进度款按照报量的70%支付。

收款情况：开工4个月后收到业主支付的20%的预付款，合计金额4 588万里亚尔；开工6个月报量审批收到工程款合计金额840万里亚尔。

项目进展情况：截止开工5个月内，该项目在现场的工人和管理人员共计688人，其中管理人员占5.2%，民工668人。开工3个月完成了现场旧建筑物的拆除工作，11月份土石方施工基本完成，4个月内完成了大部分地下结构施工。但10多个月大致完成主体结构的40%。

工程分包：与当地分包商签订了水电分包、钢结构、铝合金门窗、钢门、运动器材等的分包合同；并在北京某银行开具了水电分包合同项下的信用证，共计31 865里亚尔。

自开工4个月起，业主多次就该工程施工进展缓慢问题发函，要求承包方加快进度，制订整改方案。于2008年×月××日发出最后通知，并提醒如没有改善将适用第63-1条款。后由于种种原因进度改善未得到业主许可，导致业主发出最终驱逐通告。我项目部全面退出施工现场，业主接收现场的所有设备、材料。×月××日项目进入清算。

业主索赔保函：是年x月x日，业主向银行发出索赔通知书就履约保函和预付款保函要求全额赔

付。赔付全额为1 892万美元。

二、非我方原因而引起的损失事件

由于贵方设计资料/图纸交付过程迟缓，据不完全统计，自2007年×月至2008年×月共拖延101d；预付款严重拖期给付，总共延期长达4个月，致使工程材料设备不能正常采购；签证处理时间拖长，工人无法按工期需要到位；工程准备动员期过短，计划管理和施工准备仓促等，致使工程进度进展缓慢，工期延误，我方的工程成本大幅度地猛增。

遗憾的是正当我方依据贵方的合理要求，就施工进度缓慢，拟调整现场管理人员和工程师等补救措施的期间内，2008年×月××日贵方向我驻某国大使、公司董事长递交表示不再聘用我方承建该项目的文件，在此突发的境况下，我方×××名劳务和管理人员陆续撤离现场回国。至于贵方于2008年8月5日提出的"以该工程严重拖期为由，向××××××银行发出索赔通知书，就履约保函和预付款保函要求全额赔付，并于×月×日收到1 892万美元的赔付金额，更有其不尽合理、不尽人意的成分。

三、补偿事件的要求

鉴于非我方单方面原因而造成工期延误，又贵方在发出停工令后在原来经济损失的基础上，又加重了我方的工程亏损以及与此相关的全部的费用损失。现将初步统计、计算的损失情况和我方要求贵方给予如下方面的经济补偿列表，总共金额为××××万美元(表1)。

K国学校工程施工因合同终止造成我方工程成本和费用大幅度增长的补偿文件一览表(示意)　　表1

序号	补偿费用名称	补偿内容	计算依据	补偿款额	注明
1	劳务费	自发布停工令撤离现场至诉讼止	1.依合同条件第××条×款 2.劳务人员名单及签证、培训、机票	××××万美元	见附件一
2	人员遣散费	自撤离之日起2个月工资、机票费、补贴费等	中方×××名 外方×××名	××××万美元	见附件四
3	1.保函损失费 2.保险损失费	履约保函		1.××××万美元 2.××××万美元	见附件六
4	工程已报量未付款金额		依合同条件第××条（×）款规定，按照工程师签证批件	××××万美元	
5	完工实物量应付款额	完成实物工程量。据实支付工程款金额	以现场测量为依据进行核实	××××万美元	见附件八
6	材料设备滞留折旧损失费	按设备材料的实物量价值计算，从　起，至　止	设备月均损失为14 045.89万美元；材料支流损失为13 000万美元		见附件七
7	预期利润损失费			××××万美元	见附件九
8	分包损失费	分包管理费 分包索赔额			
9	预付款迟付损失费				
10	终止合同后信用证损失				见附件二
11	甲方图纸延期提供损失		甲方与业主工程师同意为101d		见附件三
12	贷款利息损失费				
13	管理费损失				按12%管理费率估算
14	·风险费用	1.物价上涨 2.货币 3.停工风险	按照合同第65条()款规定估算	×××万美元	见附件九，按10%以上涨率计算
15	前期投入			××××万美元	见附件五

四、要求补偿事件的依据

(1) 我方根据贵我双方所签订的五所学校项目合同条款第69条(a)款条文、(b)款条文:政府违约(1)政府具有以下情况时:未能根据工程师签发的证书在投标书规定的时间内向承包商支付任何数额。第66(1)款政府终止合同条文,第66(2)款政府终止合同本合同因上述原因而终止时,政府应当根据本合同第65条的规定就已经实施的工程向承包商支付相应数额。第60条(4)款支付时间,政府应在工程师签发的临时证书提交一般财政事务商后于《投标表格》附件中规定的时间向承包商支付相应款额。第65条(7)款合同终止后的付款(a)关于预备项目;(b)材料和货物成本;(c)承包商产生并经工程师证明的金额;(d)任何额外费用;(e)合理的拆除成本;(f)合同结束后，所有与以及工程相关的承包商员工和工人的合理遣返成本。

(2)FIDIC等国际通用的合同条件与惯例规定，请参阅核查FIDIC合同条件第14.8条款延误的付款、第13.8条款因成本改变的调整、第15.3条款阁下终止日期时的估价、第16.4(c)条款终止时的付款等。

根据该学校工程合同中和有关国际通用的FIDIC合同条件惯例规定的上述多款明确阐明，我方完全有权得到合同金额以外的成本与费用损失补偿、工期延误非我方原因造成的经济损失与相关费用的补偿的合理要求。由于该补偿文件尚在进行当中,我方还会提交对此费用估算更进一步的详细资料。

在此也提醒贵方请注意欧美等国家，以及海湾地区国家对此类问题的处理方式，基本上均采取友好协商的解决途径。

五、最终解决方案

我方对贵方所做出的决定深表遗憾，这种做法有悖于WTO项下友好国家国民待遇及非歧视原则。固然我方有一定的责任，但我方提醒贵方也应积极主动承担起自身所应负的责任。我方一如既往地建议贵方遵循友好、协商、谅解的精神和国际惯例,妥善处理本工程的补偿文件，据此我方诚恳地提出三种解决方案:

(1)我方继续该工程的施工承包。我方承诺也请贵方相信我方一定会组织好和管理好此项工程的施工。

(2)双方商讨合理的解决方案,达成补偿协议。

(3)诉诸法律程序,对双方都不会是理想的方案;是我方不情愿的,同样对对方也无益。

以上三个方案务请贵方慎重考虑,是为至盼。

此致

中方某工程建设有限公司

2008年×月×日

探月工程将向全社会公开招标

国防科工局透露，我国探月工程决定面向全社会开放,引入竞争机制。在探月工程中,对于90余个有待攻克的关键技术和需要交流合作项目,要通过招标的方式来确定承研、承制单位。

国防科工局的有关负责人表示，此举是为进一步形成有利于科技发展的竞争机制,坚持国家科技计划对全社会开放，支持和鼓励国内有条件的各类机构平等参与承担国家重大计划和项目。

这位负责人表示,经过前期的梳理,探月工程二期探测器系统着陆器和巡视探测器(俗称月球车）相关的90余个有待攻克的关键技术和需要交流合作项目进行对口交流

北京首都机场T3航站楼的设计管理

罗 隽

(英联达奇(北京)国际工程顾问有限公司, 北京 100081)

一、首都机场扩建工程T3航站楼概况

首都国际机场是中国最大的门户机场,于1958年建成。2006年旅客年吞吐量达到4 856万人次,在世界机场排名中居第9位。2007年则超过5 200万人次。目前年旅客量占全国的1/4,飞机起降架次占全国的近1/3,已成为亚洲最繁忙的空港,跻身世界十大机场之列(图1)。

- 扩建实现三个主要目标:建设枢纽机场、满足奥运需求、创造新的国门形象。

在亚太地区周边国家航空港枢纽机场建设的激烈竞争背景下,提升首都机场的枢纽功能是最紧迫任务。首都机场根据中国民航发展战略,实施国际枢纽机场建设计划,构建亚太地区最大的国际枢纽机场是本次扩建的最重要目标。

- 建设工期:3年9个月。
- 建设规模:约100万m^2,是世界上最大的单体航站楼建筑。
- 扩建的主要内容:

3号航站楼设计容量到2015年为年旅客流量达3 100万人次,2020年达4 300万人次。新航站区建于首都机场东部,位于现有东跑道和新的第三跑道之间,呈线性布局。总体规划设计在第三跑道东侧预留了建设第四条跑道的可能性。

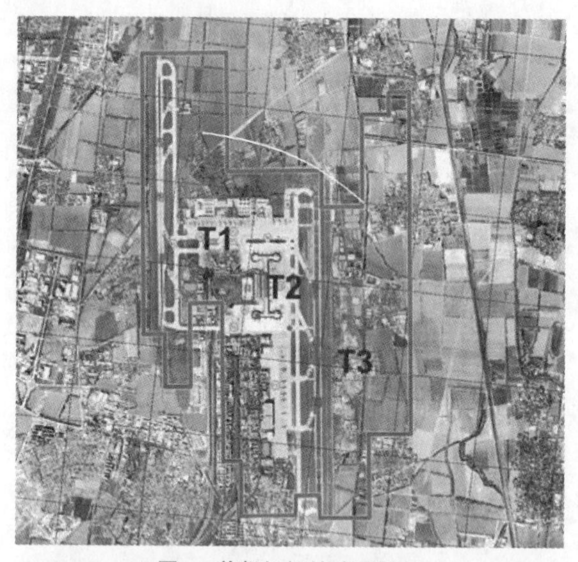

图1 首都机场扩建区场址

图2 竞赛方案模型夜景鸟瞰

3号航站楼是首都机场此次扩建工程的主体部分,包括航站楼内旅客捷运系统(APM)、行李处理系统(BHS)和信息技术系统(IT)3个机场特殊系统。辅助基础设施项目包括航站楼前的地面交通中心(GTC)、空侧跑道、滑行道和站坪系统等其他设施,也将新建一条从东直门直达新航站楼的城市轻轨,和第二条机场高速公路,新航站楼由两个中文“人”字形的单元,即T3A和T3B组成,象征和体现中国传统理念。流线型的巨大屋顶高耸舒缓,恢弘大气。这两座大楼之间由内部旅客捷运系统连通,屋顶造型从空中鸟瞰寓意为“龙”形,夜晚,航站楼三角形天窗映射出的闪烁灯光宛如繁星(图2、图3)。

图3 竞赛方案表现图

T3A由主航站楼和国内航站楼单元构成，为出港的国内和国际旅客提供陆侧功能区、办理登机手续、国内旅客候机、安全检查以及随身行李检查；为到港国内和国际旅客行李提取、中转旅客的重新办票、海关设施、迎客区以及捷运系统站台。

T3B配备有行李处理以及国际空侧设施、国际旅客出发和到达、中转、出入境边防检查和安全检查以及捷运系统站台。

除了上述功能用房以外，航站楼还包括下列运营设施：办公室、员工设施，诸如储藏室/洗手间和员工食堂、工作间和商店、设备机房等。

新航站区的主进场路与城市外环路系统相连，从南端进入机场，直接通到航站楼前的交通中心。一条新建的轻轨系统从东直门直接连接到交通中心的火车站，旅客可从火车站直接进出航站楼，极为方便。

3号航站楼的屋顶底部色彩设计亦堪独具匠心。它以中国传统建筑的大红和金为主色调，由航站楼南端巨大的悬挑屋架起，至T3B北端由红色逐渐过渡到金色。在T3A大屋架则由红色从中部向东西两侧逐渐过渡到金色，在T3B则由金色从中部向东西两侧逐渐过渡到红色。屋顶设计的象征意义至关重要。屋顶采用轻钢网架结构，设计成连续统一的构形，从视觉和几何上把两个航站楼单元连接在一起。巨大的未来主义风格的流线型建筑，创造出通往中国其他地区以及世界的一个精神门户。

屋顶尤其在朝南方向上有很长的悬挑，减少了航站楼玻璃幕墙上吸收的非控太阳能，并同时仍可保证穿过航站楼各个立面的能见度和透明度最大化。屋顶天窗朝向东南方向，以最大化地吸收早晨的太阳能。

二、T3航站楼的设计管理

短暂的建设工期，国际一流高质量水准的要求和高技术含量的应用对首都机场扩建工程的实施是一个很大的挑战。

1.前期工作：T3的论证和立项

项目前期的可行性研究和论证工作是保证一个项目达到既定战略目标的最关键阶段。可行性工作的前提是科学和准确，前者涉及项目的工程和技术可实施性，后者涉及项目实施的成本和回报。

可行性研究之所以重要，在于其是决策者做出决策的依据。按照项目实施的规律，做好充分的前期可行性研究是“科学发展观”的必然要求。

- 我国此类大型项目可行性研究的特点
- 开工日期的确定
- 实践：中国和欧美的不同
- 问题：粗糙的前期工作将导致投资追加、质量低劣，甚至工期延误

关键日期：

2002年9月27日，民航总局和北京市联合上报项目建议书

2003年3月27~29日，中国国际工程咨询公司受国家计委委托，召开首都机场扩建预可研报告评估会

2003年8月20日，国务院第18次常务会议同意首都机场按2015年6 000万人次立项扩建，2008年以前建成，迎接北京第29届奥运会

2003年8月30日，国家发改委正式批复首都机场扩建工程项目(国家发展改革委员会文件[发改

图4 T3B空侧模型透视

图5 T3屋顶细部

图6 T3航站楼模型鸟瞰

交运(2003)1078号])

2.国际设计竞赛

• 实施方案与设计团队

首都机场此次庞大的扩建工程中,T3航站楼的建设是最关键的任务。为了实现目标,机场指挥部分别就机场扩建规划和新航站楼设计在全球范围内进行了国际方案征集。由Naco-Foster-Arup公司组成的联合体提交的航站楼方案,赢得竞赛并在深化修改后予以实施。设计联合体的3家公司都是在机场建设方面最优秀的专业咨询机构,特别是福斯特公司在建筑设计方面出色的创意,为T3航站楼的成功奠定了坚实的基础(图4~图6)。

• 竞赛方案提交

• 设计方案评审:非典时期-海南三亚-评委

• 设计方案公示

• 设计方案确定

• 设计方案深化和修改

• 确定开工日期,因此倒推初步设计完成日期

关键日期:

2003年3月国际设计竞赛方案开始

2003年6月中旬提交设计方案

2003年7月初方案专家评审

2003年9月17日方案公示按计划进行

2003年10月16日民航总局党委讨论研究,扩建工程可行性研究报告通过内部审批

2003年10月29日,国务院第26次常务会议确定T3建筑方案,决定选择Naco-Foster-Arup公司提交的T3航站楼建筑方案

2003年10月31日设计联合体接到获奖和中标通知

2003年12月15日,提交T3建筑设计优化方案,扩建指挥部组织专家进行了会审

2004年3月2日,国务院第42次常务会议批准"首都机场扩建工程可行性研究报告"

2004年3月19日,首都机场扩建T3航站楼工程初步设计审查会议在机场宾馆召开

2004年3月20日,完成T3航站楼初步设计并上报审查

2004年3月19~25日,民航总局完成组织专家对T3航站楼初步设计进行审查工作

2004年3月28日,北京首都国际机场扩建工程开工奠基仪式

3.合同管理

T3航站楼的设计合同数额巨大,但感谢首都机场扩建指挥部领导的胆识、专业和眼力、对设计人员劳动的尊重,指挥部并没有在设计费额上与设计联合体争议,而是更注重合同形式的选择、合同条款的细节和准确。

• 合同形式的选择

• 合同签订的方式

• 合同条款的制定

• 合同谈判

• 付款方式

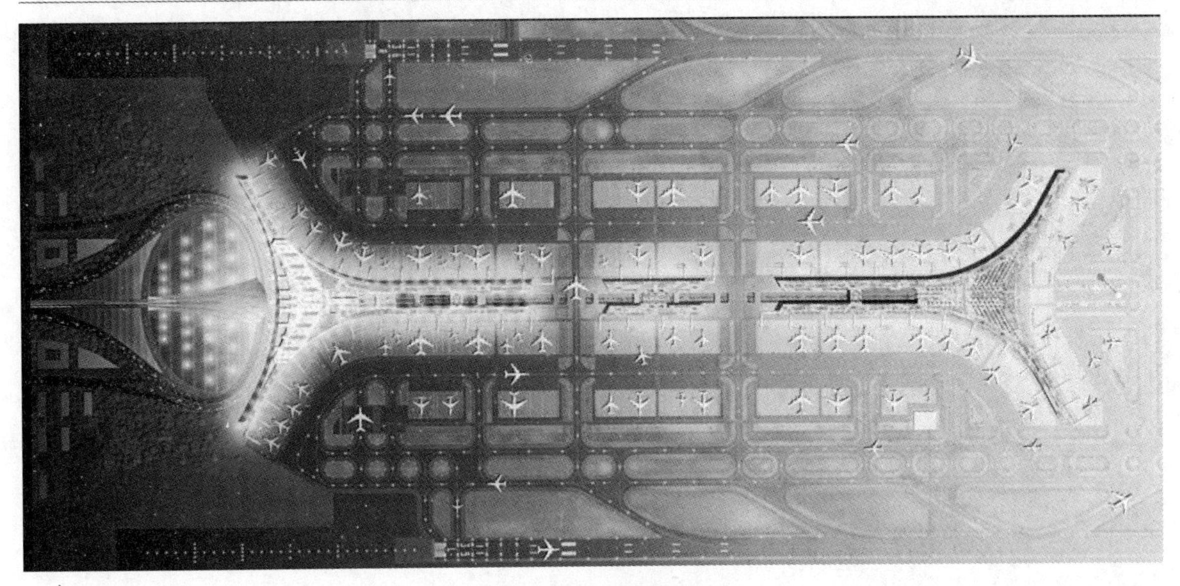

图7 T3航站楼整体布局

关键日期：

2004年2月28日，扩建指挥部、北京市建筑设计研究院与设计联合体签订"T3分包合同"

4.项目设计和管理

业主方：

- 集合设计地点
- 确定关键日期和节点
- 每周定期与设计联合体召开设计例会
- 结合设计进度，确定主要设计研究课题，保障各专业与建筑专业的协调进展

设计联合体方：

- 世界一流的设计团队：组织结构、各方分工、与世界各地及北京团队的合作
- 确定关键日期和节点
- 统一设计数据交换平台
- 质量管理和控制：详尽的设计说明书和质量控制程序
- 与BIAD合作

关键日期：

2004年10月19日，国家发改委重大项目稽查办公室到扩建指挥部开展稽查工作

2005年2月21日，英国财政大臣对扩建工程进行考察

2005年9月7日，国务院常务会议同意对首都机场扩建规模和概算进行调整：3号航站楼工程建筑面积90.2万m^2，总投资250亿元人民币。

2007年11月21~26日，首都机场3号航站楼、停车楼及交通中心建筑工程顺利通过北京首都国际机场扩建工程指挥部组织的"四方"验收(图7)。

三、经验和总结

2008年2月29日，北京2008奥林匹克运动会最大的建设项目——首都机场T3航站楼正式投入运营。此次机场扩建将提升首都机场的枢纽功能，满足北京奥运需求，创造国门新形象。这三大目标的实现将使其成为亚太地区世界一流的大型枢纽航空港。

T3航站楼设计联合体国际一流的项目设计管理和控制保证了设计在极其紧迫的时间要求下高质量的交付，业主方专业的项目设计管理水准保证了与设计联合体的合作和顺利进展。项目进展过程中的经验和问题解决也给我们在未来的项目建设中留下了宝贵的启示。

- 科学发展观和可行性研究的准确性
- 项目前期的重要性
- 设计阶段的管理和控制
- 工期确定的科学性和人文因素的结合
- 设计是施工进度、成本和质量的保证基础
- 高完成度的启示：理念决定成功

借奥运项目成功实践 促企业国际化进程

彭 明

(中信建设国华国际工程承包公司，北京 100004)

一、国家体育场建设的全过程始终贯穿着CIOB标准和理念精髓

国家体育场作为第29届奥林匹克运动会的主会场，它承载着世界工程建设同行关于建筑的梦想。从项目规划设计方案的征集、PPP融资和建设模式的创新到项目法人招标，从项目开工建设到竣工验收，从试运行到正式投入使用乃至以后的运营维护期，成功地实现了国家体育场"质量、进度、安全、成本、功能"的完美统一和"人文、建筑、自然"的和谐，充分体现出了"绿色、人文、科技"三大核心奥运理念。北京奥运会不仅为世人留下了丰富的物质遗产，更重要的是留下了极其宝贵的精神财富。

正如CIOB制定的《项目评估与发展》所要求的那样，国家体育场建设的全过程始终贯穿着CIOB标准和理念精髓。

二、PPP——一种成功的投融资方式和建设模式

国家体育场项目具有以下显著特点：①它是目前世界同类体育场中规模最大、结构最复杂、技术难度最高、工期和质量要求最严格的体育场项目。②它是公益性项目，预期赢利低，运营难度大。③它需要整合国内外众多资源，包括融资、设计、施工、管理、采购、风险控制、保险、运营、移交等多个方面。④它所需投资巨大，整个项目仅建造所需资金就达30亿元以上。⑤意义重大，它不仅承载着一个伟大民族的奥运梦想，更要展现国际奥林匹克大家庭团结友谊、公平竞争、繁荣兴旺的体育盛况！该项目不仅是中国的事情，更是一项世界工程。

通常，奥运场馆很难靠自身的运行做到收支平衡。在中国，大型体育设施一直是由政府出资建设，由政府主管部门经营管理的。在这种情况下，大型体育设施因功能单一，很难保证后期运营的赢利，因此往往成为地方财政的包袱。在国际上，这类项目大多是以PPP模式建设的，例如1996年巴塞罗那奥运会和1998年法国世界杯的主体育场馆；美国最著名的四大职业联赛俱乐部所拥有的82个体育场馆的31%都是采用PPP模式兴建的。

国家体育场项目完全由社会投资人出资显然也不符合客观现实；另一方面，2008年北京奥运会的相关投资额在3 000亿左右，其中，仅市政基础设施就需要投入1 800亿，全部由政府负担这些投资也过于沉重。因此，以国际通行的商业机制将奥运会场馆和相关设施建设向国内外法人和经济实体进行项目法人招标，采取政府和社会投资人合作的PPP模式就成为必然的选择。国家体育场项目成为这一融资和建设模式的成功典范。

通过对投标人提交的设计方案、建设方案、融资方案、运营方案以及移交方案等进行全面、严格的综

合评审，北京市政府最终选择了中国中信集团公司为牵头方的投标联合体作为国家体育场项目法人合作方。中信投标联合体成员还包括中信国安集团公司、北京城建集团、美国金州控股集团公司。2003年8月9日，中信投标联合体在人民大会堂与北京市政府签约，并与北京市国有资产经营有限责任公司共同组建项目公司，负责该项目的设计、投融资、建设、运营及移交，中信集团投标联合体获得了奥运会后的30年经营权。

国家体育场是目前我国第一个采用PPP模式的公益性项目，既弥补了资金不足，又利于分散风险，为我国基础设施投融资方式和建设模式探索了一条新路，开拓了广阔的市场空间。

国家体育场项目的投标，可以比喻成一场艰苦卓绝的攻坚战，这是对中国工程承包企业的一次巨大挑战，也是一场勇气和智慧的较量。中信建设国华公司作为投标的重要组织者和参与者，回顾起当时投标的日日夜夜，上百人的编标场景，至今历历在目，感受颇多。

感受一：政府勇于制度创新和模式创新

针对奥运场馆项目的特点，北京市政府提出了"探索新的筹融资方式，做好本届奥运会的市场化融资工作"的基本思路。这一思路一经提出就得到了国家发改委的高度肯定。为此，北京市政府遵循国际同类项目的投融资惯例，紧密结合我国国情，以国家体育场项目法人招标为切入点，大胆尝试社会公益设施政府投融资的新模式——PPP方式，开创出了一条利用社会资金建设公益设施的融资新渠道，这也是对我国传统工程建设模式的突破性探索。

感受二：招标代理公司全程专业化运作

招标代理公司制定的招标文件与国际接轨、严谨详尽，并且具有很强的组织管理和协调能力，使得整个招投标过程有序进行。同时，招标代理公司还制定了完备的应急预案，对各种可能出现的突发问题均制定了详细的应急措施。总之，国家体育场项目的招标代理公司为招标人和投标人提供了优质、专业、一流的服务。

感受三：大型项目要求投标人具有强大的资源整合能力和高超的组织协调能力

中信集团联合体之所以能够成功中标国家体育场项目，除了联合体各单位自身的综合实力和优势与通力协作之外，更重要的是我们具有有效整合国内、国际资源的强大能力。此次编标和投标工作，中信集团由其子公司中信国安集团公司、中信建设国华公司作为投标的主要组织策划者，同时武汉建筑设计院、中信银行、中信信托、中信证券、中信经济咨询公司、中信文化体育产业公司等十余家子公司共同参与完成。我们还组织了国外经验丰富的运营公司、财务公司、保险公司、工程咨询公司、律师事务所、会计师事务所等机构作为我们的技术支持和保障。

此外，中信联合体成功中标国家体育场项目离不开中信集团领导的大力支持和全体编标人员的不懈努力。中信集团前董事长王军特别嘱咐投标相关人员：这是我们国家和民族的大事，一定要全力以赴地做好。中信集团副总经理李士林亲自上阵指挥投标，对项目予以高度重视和悉心指导；全体编标成员抱着"为民族争光、为中信添彩"的坚强信念，充分发扬了顽强拼搏、百折不挠的工作精神。

感受四：锻炼出了一批企业核心人才，推动了企业发展战略和发展模式的转变

中信集团联合体中标的关键就在于融资、体育运营、建设管理、保险、设计优化、技术攻关、成本控制、保值增值等强大的综合实力。通过此次投标，我们不仅在实践中学习到了国际通行的商业模式和项目运行方式，更为重要的是，锻炼出了一大批企业核心人才，对推动公司发展战略和经营模式的转变具有很好的启迪作用。同时，我们的思想和认识得到全面提升，深刻体会到实施合作共赢战略与承担企业的社会责任是企业生存和可持续发展的基础，是衡量企业整体实力和素质的标准之一，也是企业的核心竞争力。

三、国家体育场的成功建设与实践

国家体育场的建设与实践为我们提供了一个创造历史、成就梦想的舞台。我公司作为国家体育场A区承包商，承担着国家体育场1/3混凝土结构、1/2钢结构和膜结构、70%装修、全部强电和弱电智能化系统、50%的环外地下结构、整个室外训练场的工程量。可以说我公司肩负着"鸟巢"工程的半壁江山。自2003年12月24日开工以来，我公司与北京城建集团密切配合，通过系统策划、周密组织、精心设计、精心施工、勇于创新，以顽强拼搏的精神和严谨科学的态度，攻克了一个又一个难关，取得了骄人的成绩。

回顾和总结这四年半的成功建设与实践，我们收获颇多。

收获一：依靠技术创新攻克了众多世界级建筑难题

首先，我们克服了隆冬季节技术上的障碍和劳动力严重匮乏的难题，仅用一个多月的时间，于2004年底提前完成了700多根基础桩的施工。

针对庞大的混凝土工程施工，我公司紧紧抓住设计、技术、组织、管理、资源五大环节，经过90多个日夜的顽强拼搏，创造了8d建一层看台的“鸟巢”速度，于2005年11月13日提前完工“鸟巢”混凝土结构工程。

为保证钢结构成功实施，我们攻克了钢材加工与运输的世界级建筑难题。4.8万多吨的“鸟巢”钢结构，由24个桁架柱支撑，设计使用Q460的高强钢材。但当时国内没有一家钢铁厂能生产这种钢材，国外同类产品又在一些性能指标上也不完全符合要求，并且还要考虑运输成本、工期要求等因素。为此，我们对国内众多钢铁生产厂家反复考察，最后确定由河南舞阳钢铁厂负责研制，经过与厂家共同工作、反复测试、多次锻造，终于使高强钢Q460板材成功出炉。Q460钢材的成功生产不仅填补了国内空白，也使所有北京奥运场馆的建设钢材全部实现国产化，被誉为“我国建筑钢结构发展的里程碑”。

由于整个“鸟巢”钢结构工程南北长333m、东西宽294m、高69m，是一个极其复杂、马鞍椭圆形并由无数桁架编织而成的空间网状结构。这种复杂的钢箱焊接成型工艺在世界建筑史上尚没有先例，为此我们组织成立了科技攻关和质量控制团队，联合各方力量攻克了复杂的详图设计、厚板焊接和低温焊接、高强度钢焊接、弯扭构件成型、钢结构合龙与卸载等多项施工科技难题，为“鸟巢”施工难度最大的结构工程扫清了技术障碍。2005年10月28日，重达300t的钢构件在我公司实施的一号承台准确落位，我们亲手成就了“鸟巢”钢结构第一吊。

钢结构的合龙与卸载是国家体育场最为关键、施工难度最大的技术难题。我们组织多方力量，编制专项方案达13册，组织了8次专家论证，最终成功组织实现了钢结构的准确合龙和安全卸载。2006年10月1日，国家主席胡锦涛同志高度赞扬该工程取得的出色成绩，称国家体育场钢结构卸载“成功谱写了中国建筑史上光辉的一页”。

强弱电工程被喻为国家体育场的血液和神经系统，包含众多复杂而精巧的子系统，它是整个工程使用功能的核心，它的成功与否直接关系到整个奥运会的成败。北京奥组委主席刘淇同志在多种场合多次强调：“奥运会最重要的是开幕式，开幕式最重要的是电。”针对复杂而庞大的供电系统、照明系统、音响系统、高清电视转播系统、自动控制系统等，我们组织了无数次技术研究和在大雾、大雨、雪天等各种恶劣环境条件下的测试、统计与试运行，用了不到一年的时间圆满完成了全部强弱电工程，实现了国家体育场各系统的智能控制，最终有力地保证了国家体育场的各项功能和奥运会的使用要求。为此，我公司被推举为国家弱电智能化规程规范的主编单位。

收获二：全面提升了公司对大型复杂项目整体策划、组织协调、综合管理的水平

对于如此庞大而复杂的项目，没有通盘周密的策划，综合有力的组织和协调，全面而系统的管理，扎实拼搏的奉献和努力，要全面实现项目综合目标只能是一句空话。四年半施工建设，我们不仅全面实现了奥组委要求的“五统一”目标，而且工程还获得了国家优质工程鲁班奖，并且我公司还实现了整个建设期和保驾护航期间的零伤亡。一位国内钢结构权威专家如此评说：“4.8万t钢材、68m高空焊接、2 000多名工人要交叉作业、从50t~800t共18台大型起重机集中作业，8个月内完成安装世界上技术含量最高的钢结构工程，国华公司居然没有出安全事故，真是让人不敢相信”。

通过国家体育场项目建设的成功实践，我公司对大型复杂项目的整体策划、组织协调、综合管理水平得到了全面提升。

收获三：丰富和提升了企业文化和理念，为企业发展积累了宝贵的精神财富

刘淇同志在视察“鸟巢”工程时指出，在奥运工程建设中，建设者充分展现了五种精神：一是为国争光的爱国主义精神；二是艰苦奋斗的创业精神；三是精益求精的敬业精神；四是勇攀高峰的创新精神；五是团结协作的团队精神。这正是我公司广大员工在国家体育场项目建设中的真实写照。

我公司国家体育场项目总经理皮尤新同志率先提出了“建设鸟巢，一生光荣”的口号，后来这一口号被中央政治局委员、北京市委书记刘淇改成“建设奥运工程，一生光荣”，并在全部奥运工地作为标准口号使用。

参加国家体育场项目建设的国华公司全体将士始终以高度的政治责任感、使命感和荣誉感，作为自己努力工作的精神动力。通过四年多的艰苦实践，国华公司及个人取得了无数荣誉。我公司国家体育场项目部荣获了全国总工会颁发的“全国五一劳动奖章”和“全国工人先锋号”称号，同时还荣获了北京市“奥运工程建设先进集体”称号，三支青年突击队全部荣获“北京市青年突击队标杆”称号。我公司董事长洪波女士获得了党中央、国务院授予的“北京奥运会残奥会先进个人”荣誉称号；项目部总经理皮尤新同志和国华公司总经理袁绍斌还荣获了北京奥组委颁发的“奥运工程建设功臣”称号，项目部副总经理李文标荣获“全国青年五四奖章”，此外我公司还有无数个人荣获了“奥运工程建设标兵”、“奥运工程优秀建设者”等称号。

收获四：我公司进行了项目管理模式的有益实践和探索

通过国家体育场项目的建设，为我公司的项目管理模式进行了成功的探索和实践。实践使我们认识到，为保障大型复杂项目的顺利实施，企业必须具备强大的系统策划能力、投融资能力、整合各类资源的能力、组织协调能力、管理监控能力、应急应变能力，要具有强烈的大局意识、合作意识和危机意识，具有敢做没做过、不会做、做不了的事情的勇气和信心，只有这样，才能打造成符合企业自身特色的差异化竞争优势，形成工程承包高端领域的项目管理模式。

收获五：通过国家体育场的成功实践，锤炼出了一支敢打硬仗、爱打硬仗、会打硬仗、打漂亮仗的中信建设铁军

四、奥运项目的成功实践促进企业国际化进程

在国家体育场项目投标和建设过程中，我们积累了许多经验，对我公司参与大型国际工程项目的竞争、进入国际工程承包高端领域具有很强的借鉴作用，有力地促进了我公司的国际化进程。

1.审时度势，及时调整公司战略

公司通过借鉴体育场项目招投标经验和PPP融资方式和建设模式的创新，并认真分析了世界顶级的百年承包企业以及中国工程承包企业的发展历程、市场战略、业务结构、服务品种、区域分布以及中信集团和国华公司自身优势及特点，系统分析了国际、国内工程承包市场的形势和趋势，在国家“走出去”战略和“资源”战略的指引下，审时度势，按照差异化定位及时调整制定了公司的发展战略，制定了“充分发挥中信集团优势；科学管理，创造精品；树立品牌，规模经营；成为国内外工程承包领域中顾客满意、员工自豪的大型国际工程承包公司”的发展战略和“以投资、融资和为业主前期服务为先导取得工程总承包，以工程总承包带动相关产业发展”的经营战略。

这是一个定位于国际工程承包高端市场的经营战略，公司将打破单一的经营模式，开始大力拓展建筑业产业链的上下游，包括前期工程可行性研究、规划设计、工程咨询和项目融资，中期的项目开发、施工管理、采购物流和项目配套资源开发，后期的为业主提供运营等全方位的综合服务，在提升为客户提供综合服务能力，转变企业经济增长方式，推进以EPC、BOT、BT、PPP方式和直接投资模式带动工程总承包等方面进行大胆的探索和尝试。

2.实现公司变革和战略转型，进入国际高端市场

我公司从2003年成功承接国家体育场项目建设任务以来，开始进入跨越式发展阶段。

通过战略调整，公司进行了推进企业国际化进程的一系列变革。首先，完善了公司的组织框架，实施归口管理，形成了以“公司总部为资源中心、经营中心、预算中心和利润中心、项目部为成本中心”的管理模式；第二，下大力培养复合型国际人才队伍，优化生产要素的合理配置，把人才作为企业的第一资源，并把人才作为企业最重要的资本并持续投入，使之不断增值；第三，虚心学习国际国内成功的大型国际工程承包企业的先进经验和做法，彻底转变思想，更新观念，全面推进管理创新、制度创新、技术创新。

通过战略调整和企业变革，从2003年开始，公司在短短的5年间，较好地实现增长方式的成功转型，并在国际工程承包领域取得了重大突破和一系列成果。

2006年9月，中国中信集团牵头中国铁道建筑总公司组成的联合体，与包括美国柏克德、法国万喜等在内的64家国际顶级承包商组成的7家联合体竞标阿尔及利亚东西高速927km公路项目，最终以技术、商务综合评分第一中标中、西两个标段，框架合同额62.5亿美元。该项目是建国以来中国在海外承包的同类项目中合同金额最大的现汇国际招标项目。该项目的实施，将为阿国提供近10万多个就业机会，帮助中国近百家勘察、设计、施工、物流企业和设备供应商进入阿国市场，带动中国近6亿美元的机械设备出口和约1.3万人的劳务输出。

2007年11月，公司成功承接了安哥拉卫星城项目，项目合同总金额达35.35亿美元，是我国企业承揽的同类项目中合同额最大的EPC总承包项目。该项目施工高峰期将使用中国劳工约1.2万人，将带动7亿美元的国产设备、材料出口。

2005年11月，公司承接了委内瑞拉20 000套社会住房项目，该项目合同额9.42亿欧元，是中国在委内瑞拉正在施工的最大工程承包项目。该项目的成功签约为中联油对委石油贸易由2005年每天7万桶增长到每天20万桶，为实施国家“走出去”战略，加强资源开发合作进行了成功的探索并取得了宝贵经验；同时也为中国金融机构“走出去”提供了合作平台。

2005年12月，公司承接了巴西坎迪奥塔火电厂项目，该项目合同额为4.28亿美元，是中巴两国结成战略合作伙伴以来第一个实施的工程总承包项目。项目采用中国生产的首台60Hz频率的成套火力发电设备，并首次成功出口国际市场。

2004年12月，公司承接了缅甸多功能柴油机厂项目，该项目合同额为1.26亿美元，是融资、设计、采购、施工(F+EPC)交钥匙工程；是至今为止中国在东南亚地区机械加工工业领域中最大的总承包项目。该项目设备100%从中国进口，建成投产后的10年，中国每年将出口500万美元的生产配件。

公司结合国家体育场与上述大型国际工程项目的成功实践，进一步健全、完善了公司的项目实施战略，即“充分利用中信集团的综合实力和良好声誉，整合国内外最优资源，形成优势互补、利益共享、风险共担的项目实施立体联合舰队，发挥旗舰作用，保障项目顺利实施”。从上述项目的承包模式、技术含量、建设规模、综合效益和社会影响力来看，充分证明了我公司战略调整的正确性和有效性，它不仅为企业带来了较好的经济收益和品牌效应，也带动了我国设备、材料、技术、金融和劳务的出口，而且为我国和项目所在国家及地区尽到了企业社会责任。

3.借奥运东风，公司业务展现出良好的市场前景

随着奥运场馆的建设和奥运会的成功召开，许多中国企业借奥运品牌在国际市场中取得很大的收获。数月以来，前来我公司洽谈的各国政府、业主与合作伙伴络绎不绝，他们看中的不仅是奥运品牌，更是中国企业在承揽和建造奥运项目中所锻造出的实力和品质。

我公司作为中信集团旗下的全资子公司，紧紧依托中信集团雄厚的综合实力和良好的国际声誉，经过全体员工的不懈努力和各合作伙伴的鼎力合作，创下了净资产收益率、人均合同额、人均营业额、人均利润额名列中国工程承包行业前茅的骄人成绩，成功跨入全球最大国际工程承包商百强行列。据ENR排名，2007年中信建设海外营业额为8.60亿美元，位居世界225强第72位。2008年，公司在施工程合同额已超过100亿美元，海外营业额将超过10亿美元。目前，我公司已签订合作框架协议和备忘录的工程项目规模已超过100亿美元，呈现出良好的市场前景。

我公司将始终遵照中信集团创始人、前国家副主席荣毅仁先生倡导的“中信风格”，秉承“诚信、创新、凝聚、融合、奉献、卓越”的中信企业文化精髓，恪守“优势互补、利益共享、相互协作、共同发展”的原则，与国内外合作伙伴一起，以一流的精品和完美的服务向世界展示中信的品牌和实力，展示中国企业的良好形象和声誉，并致力于成为国内外工程承包领域中顾客满意、员工自豪的大型国际工程承包公司。

项目管理的技术创新与社会责任

——大唐哈尔滨第一热电厂2×300MW机组脱硫脱硝工程项目管理

刘继红

(中国大唐集团科技工程有限公司环保事业部，北京 100012)

摘　要：黑龙江哈尔滨第一热电厂2×300MW新建机组脱硫、脱硝工程是大唐集团践行国策，实施节能减排的重点工程项目。该项目突出技术创新，主要体现于环境、资源和社会责任意识上，对环境保护及资源的可持续利用集中反映在设计、材料、工艺、技术、施工及科技性能水平等方面。本项目通过创新管理，成功地实现了人员、机械、材料、资源和环境的高效整合，建造了优质的环境工程，实现了节能减排目标。达标排放是发电企业勇于承担社会责任的体现。

关键词：发电厂脱硫，脱硝，项目管理，技术创新，社会责任，环境，资源

一、项目简介

1. **工程名称**：大唐集团哈尔滨第一热电厂2×300MW新建机组脱硫工程与脱硝工程。

2.工程地点：大唐哈尔滨第一热电厂位于黑龙江哈尔滨市西郊，厂址位于松花江南岸约3km、程家岗村北侧。发电厂西侧为农田，距新建王万铁路线程家火车站2.2km；东侧距环城高速公路约600m；距哈尔滨市中心13km。距离哈尔滨太平国际机场约17km。

3.工程概况：大唐哈尔滨第一热电厂2×300MW新建工程，由大唐集团黑龙江发电有限公司投资建设。工程建设规模：工程规划容量4×300MW，本期建设2×300MW。电厂建成后主要向哈尔滨市群力开发区及西南部市区供热。本项目为城市供热电厂，环保达标采用静电除尘器、低氮燃烧技术和选择性催化还原(SCR)烟气脱硝装置；同步建设石灰石–石膏法尾部烟气脱硫装置，吸收塔采用喷淋塔方案，一炉一塔。本工程采用烟塔合一冷却塔排烟新技术，烟塔高度105m。

本项目脱硫、脱硝工程由中国大唐集团科技工程有限公司以EPC总承包方式承建；工作的主要内容包括：脱硫岛、脱硝工程以内且能满足2×300MW机组脱硫脱硝系统正常运行所必须具备的工艺系统设计、设备选择、采购、运输及储存、制造及安装、土建建(构)筑物等的设计、施工、调试、试验及检查、试运行、考核验收、消缺、培训和最终交付投产等。

4.工艺介绍：1~2号机组的烟气脱硫装置采用石灰石–石膏湿法脱硫工艺，采用一套脱硫公用系统装置，每炉各设置一台吸收塔，全部烟气参加脱硫，采用石灰石粉制浆制作吸收剂，脱硫效率不低于95%，FGD整套装置的年可用率保证在95%以上，烟气脱硫系统的服务寿命将不低于30年。项目建成后，年可减少二氧化硫排放量782t，环境效益显著。

1~2号机组的烟气脱硝工艺采用选择性催化

还原脱硝(SCR)法,SCR反应器在高灰段布置,即在锅炉省煤器与空预器之间。不设置SCR反应器烟气旁路。SCR采用板式催化剂、还原剂为液氨(有一套储存和供应系统);处理100%烟气量、脱硝效率为60%以上,脱硝装置可用率98%以上,服务寿命30年。

以上环保工程的建设对改善哈尔滨城市的大气环境,实现蓝天碧水工程,提升大唐哈尔滨第一热电厂的社会形象,促进哈一热电厂的可持续发展均有着十分重要的意义。

5.建设单位:大唐哈尔滨第一热电厂。

6.监理单位:长春国电建设监理有限公司。

7.总包单位:中国大唐集团科技工程有限公司。

8.安全目标:实现事故零目标。

(1)控制人身重大安全事故,不发生人身死亡事故;

(2)不发生一般及以上机械设备损坏事故;

(3)不发生一般及以上火灾事故;

(4)不发生负同等及以上责任的重大交通事故;

(5)不发生环境污染事故和基础、坑、沟垮(坍)塌事故;

(6)不生重大质量事故。

9.质量目标:创电力行业优质工程,争创国优工程。按照中华人民共和国电力行业标准中《火电工程质量检验评定标准》,达到工程合格率100%、建筑工程优良率90%以上、安装工程优良率95%以上。保证建筑、安装工程全部达到优良等级,整体试运一次成功,并按照国家电网公司《火电机组达标投产考核标准及其相关规定》,实现达标投产。

10.工期要求:开工日期:2007年11月8日。

竣工日期:2008年12月08日,1号机组脱硫脱硝系统168h试运行结束,达标投产。

2008年12月28日,2号机组脱硫脱硝系统168h试运行结束,达标投产。

二、技术创新是项目管理的精髓

随着现代科学技术和社会经济的发展,创新已成为提高社会生产力的重要手段。概括地讲,创新就是将新的观念和方法付诸实施创造出与现存事物不同的新东西,从而改善现状。只要是新的事物、观念,付诸于实施,并得到认可,推动社会进步的过程就是创新。而技术创新是指企业应用创新的知识和新技术、新工艺,采用新的生产方式和经营管理模式,提高产品质量,开发、生产新的产品,提供新的服务,占据市场并实现其市场价值。

企业是技术创新的主体,环保工程建设是我公司不断进行技术创新的尝试和发展进步的保障。环保工程项目管理应该是对环境、资源和人的管理,其核心要素是ERP(环境-资源-人)。项目管理不能脱离对环境、资源和项目所涉及的具体人员来考虑管理,尽管在项目管理中的工具和流程也是重要的,但创新理念同样是至关重要的。技术创新所包含的内容主要是指从项目的投标到初步设计、从施工组织设计到工程实施、从工程质量管理到完成验收、从目标管理到目标实现,每个步骤和细节都必须从市场、有关技术学科、环境资源以及施工职能等方面取得大量资料与信息,使之渗透和体现在每个具体环节上。因此说,技术创新不仅是硬件水准的提高,也是理念的更新。

由于在设计阶段要全面确定项目的主题,施工管理的主线也就随之基本确定了。因此,项目管理必须针对具体工程的特点来采取相应的措施。我认为在项目管理中要重点把握两大方面问题:一是施工中的工艺选择和技术决策的问题;二是工程质量监督和管理问题。这两方面归根到底都是对环境和资源的管理,技术创新是科学解决以上两方面问题的关键。在此基础上应用创新理念针对人的因素,合理调配、缜密组织和科学管理,就有了更高的目标和效率。创新的项目管理应该是努力探索可持续发展的新模式,充分体现信息时代的科技水平和成就,以及实际应用新技术的显著效果。技术创新将是实现这一目标的主要途径,也是项目管理的精髓所在。

三、哈一热电厂烟气脱硫脱硝工程项目管理中所体现的创新技术和理念

1.项目目标与范围

A、项目目标是项目实施要达到的预期结果。我公司EPC总承包哈一热工程目标是站在电力环保科

技前沿,应用世界先进的脱硫脱硝科技成果,实现最大节能减排目标,改善本地区的大气质量。最终达到国家环保监管部门的排放标准和通过验收,实现投标承诺。因此,该项目总体目标重点是要有环保意识,同时还要合理利用资源。首先体现在设计上:一是能源观念,二是循环理论。在世界矿物燃料消费和温室气体排放方面,环保工程设计师比任何一个职业群体所担负的责任要大。通过引进、消化和吸收当今世界先进的科技成果,来设计和改善建筑及工艺的能源消费性能。通过设计优化,以更少的破坏环境的方法来提高能源的供应量,不仅产生切实的环保效益,也是创造良好生态环境的基础。

B、项目范围是按照建设单位规划的项目范围确定的。设计部门根据招标文件进行初步设计,明确脱硫岛、脱硝岛的内外接口和施工界线。合理确定项目范围,其目的是提高对成本、时间以及资源估算的准确性,为绩效测量与控制制定一个基准计划,同时也是为了便于进行明确的职责分配。

2.创新技术与理念

A、技术创新是保证目标实现的最优方案。哈一热电厂环保项目的脱硫、脱硝系统均取消烟道旁路,与发电锅炉成为一整套运行系统,而不是主系统的附属系统。此项技术的应用不仅大幅度降低了投资成本,减少了上百吨钢烟道、挡板门和电源及控制系统等资源,节约了大量的资源和人工、机械。而且,高科技含量比重大,整套系统具有技术的高可靠性和设备的优良性,可以保证机组的稳定运行。

B、采用节能、再生利用和生态环保等技术,最大限度地降低环境负荷,是设计的主导思想和方法。这些方法始终贯穿于该项目所有设计、施工及工艺过程中。在项目管理过程中:"将节能作为降低工程造价和创造可持续发展工程的重点考核目标"。首先,在环保系统设计上,是根据主体设计的设备选型情况,确定相应的设计方案。按照常规设计要求,在各系统进行设计优化后,再进行整套系统的优化。经过多次认真仔细的勘测、调研和论证,主设人员大胆进行设计创新,例如:根据校核煤种的燃烧参数和排烟数据,以及地区环境因素和主体烟塔合一的设计方案。我们设计人员大胆取消了传统的烟道旁路系统,仅此举减少建安造价 19%,减少建安工作量 30%。虽然,为确保系统运行稳定和提高控制系统可靠性而增加了设备的投入,但两相对比经济效益明显。

C、为创造循环经济效益,保护环境,减少资源使用量,脱硫、脱硝系统的水源 90%选用经深度处理后的城市再生水。且系统内还有对运行后排放水再进行处理的废水系统,以期达到再循环利用。对于最后处理的废水,排入主机组排渣冲灰系统进行再利用。为提高脱硝效率,经过对国内外多家生产厂商的催化剂模块进行性价比论证,最终签约国外最大的一家全球供应商于安装前一个月保证产品供应。此举减少了国内生产和运输环节对环境造成的影响。

D、在脱硫岛基础和脱硝氨区基础处理设计上,为减少对环境的破坏,减少人员、材料及机械的浪费。我公司将大面积的基础开挖、级配砂石回填的方案改为使用预制管桩静压基础处理方案。

诸如以上设计体现于每个设计细节上,最大限度地使用可再生材料(如钢材、铝材、玻璃等)来满足设计需求,减少一次性使用材料和具有污染性材料的使用(如塑料、化工涂料等),寻求可替代的环保产品。绿色环保也是我们体现在设计上的特色之一。

3.项目计划

大唐哈尔滨第一热电厂 2×300MW 机组新建工程脱硫岛、脱硝岛项目计划总投资 1 亿多元。工程建设在 14 个月内完成。即在 2008 年 12 月 8 日、28 日 1 号和 2 号机组分别投产运行。中国大唐集团科技工程有限公司作为该项目 EPC 的总承包商。项目执行是确保工程按期投入商业运行。

4.项目执行与控制

A、项目执行;在项目的管理过程中,执行是最为重要的内容。哈一热工程项目管理,首先确定是在公司环保事业部领导下的项目经理负责制。由项目经理组织、计划、实施与控制,以保证项目的圆满完成。项目经理通过对项目工作的计划、组织与控制的领导,有效地实施对环境资源和人的管理,来完成项目的目标,该项目执行方面有如下特点:

特点一:将人员与项目目标和运营结合起来

该项目在执行中,其核心流程之一即是人员。人员流程的第一个要素是与项目发展的总体目标、阶段目标和运营目标之间存在着联系。为了建立这种联系，事业部的领导在项目管理的全过程中非常重视选用适当的人选来执行该项目管理，该项目经理和总工程师是具有数十台套脱硫脱硝项目管理业绩和多年电力环保工程建设经验的人选，以保证项目执行达到预定的目标。

特点二：确定合理的目标流程，将人员与运营结合起来

我们在对项目进行管理时，首先是将目标与执行紧密地联系起来。该项目在执行策略中，考虑以下因素：

1)确定了工程质量目标

工程项目启动伊始，项目部就根据工艺技术要求和施工特点，对整体工程质量确定了最终质量目标，并在施工组织设计的质量管理篇中提出具体的执行程序、严格的质量管理措施和明确的奖惩条例。大力推行全面质量管理，树立用户至上、质量第一的理念。质量体系运转流程清晰，执行有力。

2)制定了科学合理的项目计划

在项目执行计划中，首先是遵循“地域性”原则，即充分考虑本地区的施工特点、天气状况、物资和人力资源供应情况、施工单位的人员素质和机械化水平。科学合理地制定项目计划，使计划完成具有可操作性和确定性。例如黑龙江地区进入冬期施工时间在10月份，那么建筑施工工期计划就充分考虑了冬施措施，同时，将建筑计划可以提前抢工完成的要在入冬前安排完成施工。

3)进行有效的成本管理

经过缜密的经济核算，明确项目启动资金额。项目管理与成本运营的效益挂钩。根据三级网络计划，排出资金支付计划。同时，在项目实施过程中增设设计监理，对设计阶段容易出现的设计问题及时发现和处理。依据项目设计成熟度，设定成本增加系数，在施工高峰期预计成本增加额度。最大限度做好成本预测和计划管理，以保证成本可控和有效的管理。

4)确定合理的网络施工进度计划

根据业主方和监理公司的管理水平、工期要求和主体机组的施工计划，项目部制定了多种不利情况下的施工预案。并在业主一级施工网络计划的基础上，依据图纸供应计划、设备到货时间及以往同类机组施工经验排出二级、三级网络施工计划。同时，确保相应的人力资源和机械满足施工需要。对不可预见的影响因素，在不同阶段制定相应改变预案，最大限度保证施工计划落实。

特点三：制定了科学合理的施工组织设计

作为EPC总承包单位，制定科学合理的施工组织设计是非常必要的。首先，施工组织设计是一个系统工程，其科学性，合理性就是减少各类资源的浪费，提高生产效率。反之，将直接影响工程质量的优劣和进度的快慢。因此，要深入了解施工单位的人员结构和机械拥有量，认真研究其施工组织设计的主导思想。结合现场特点和工期要求，在设计图纸和设备供应计划确定后，项目管理者在详细调研的基础上，依靠丰富的现场经验制定出缜密的施工组织设计内容。且内容翔实，数据可靠，具有说服力和可操作性。可以说完成科学合理的施工组织设计也就完成了项目执行的基础。

特点四：将安全生产列为重要位置

“安全第一，以人为本”，是构建和谐社会的出发点，也是项目执行的重点。安全管理是排在生产的第一位的，是各级管理者重点关注的内容。首先，项目管理之初，在施工现场第一时间建立安全组织机构和系统，并根据现场施工环境和工艺特点、技术条件来进行安全文明施工的整体策划，指导安全生产管理。过程中严格执行国家安全生产法和安全操作规程，加大宣传管理力度。特别是对土建流动性大的民工群体的安全教育要紧盯狠抓，提高他们的安全意识。坚持每天十分钟的开工前的站班安全教育会，十分有效。专职和兼职安全管理员每天在施工现场进行监督和管理。通过行之有效的制度约束和人为控制，使安全生产贯彻在项目管理的始终。科技创新在安全管理上的应用也有所体现；如电子显示屏用于安全标语的宣传，不断变化的图案给人耳目一新的感觉，吸人眼球。荧光安全警示牌、指示牌在照明不具备的场所发挥重要作用。装备上新型的多功能高空作业升降器、自锁器应用于本现场。

B、项目控制。本项目自开工伊始，公司管理部门就监控项目进度完成状况和进行成本预测。主要采取措施是：用月进度计划报表与每周工作周报相衔接、对照，用以测定进度计划完成效果。设备供应、安全质量报表与工程结算报表相结合，用以掌握成本支出比例。综合分析现场整体工程进度完成与实际成本发生的比例。同时，将分析结果反馈给项目部，以供执行经理参考，改变和调整执行偏差，以保证按计划实现预定工期目标。如果项目经理得到的分析结果与实际发生不符，可以及时说明项目执行困难的原因，以及需要公司侧重支持的观点，以利于公司调整控制范围。项目部根据施工网络计划，结合现场实际情况，动态地调整施工计划，但始终围绕着主线进行微调。避免由于计划调整过大过频，导致大量人力与机械资源的浪费，影响施工速度，增加成本。公司管理与项目执行的互动式控制模式，使各部门明确了职责，也减轻了项目经理的压力，使项目执行更具掌控性和前瞻性。

5.工程验收结果

该工程于2008年11月30日通过黑龙江省电力质量检验中心工作站的达标验收。提前于合同工期完成168h商业运行试验和项目移交验收工作。排放指标实现了当初的投标承诺，性能测试合格，通过了地方环境保护部门的初步环境评价测试。完成了合同中所规定的工程完成和结束的具体条款，并且满足了建设方的期望。由于该设计方案中创新技术应用合理，施工和调试中出现的工艺及技术问题都得到圆满的解决。我们也从中总结出一些经验，对今后的其他工程设计，对施工的工艺技术要求，对进口设备的国产化替代等方面都有很大的借鉴作用。

四、结　论

1.技术创新是科技环保的必然选择

项目管理中的技术创新不仅仅包括选择新材料、新设备、新工艺等，更重要的是要有创新的理念。哈一热项目无论是从设计上还是项目的管理上都体现了创新的思想。哈一热电厂脱硫与脱硝整套系统的稳定运行，就是用实践证明技术创新不仅仅是提高了环保效率，降低了能源消耗，更为机组可靠性运行，降低工程造价提供了技术支持和保障。循环经济的可持续发展依赖于科技创新，科技环保离不开创新科技。

2.技术创新提升了大唐科技工程公司的综合竞争实力

在目前全民环保意识不断增强的社会环境下，在世界先进技术与国内各专业机构结合，群雄割据的形势下。大唐科技工程公司之所以在电力环保领域占据较大份额，就是基于不断地进行技术创新，不断地提升自己的竞争能力，创造辉煌的业绩，才使自己能够成为领跑国内环保产业的第一集团中的一员。

我们提倡技术创新，其目的就是要提高工程质量、降低施工中的纵横成本、缩短施工工期、降低劳动强度、提高劳动生产率，同时，也是为了提高企业的综合竞争能力。最重要的就是通过不断的技术创新使企业建立起自己的品牌。企业的发展与生存也要依赖于品牌优势。

3. 技术创新是企业勇于承担社会责任的充分体现

国家在努力建设环境友好型企业，大唐哈尔滨第一热电厂也在投入巨资来打造绿色发电企业。其目的是通过技术创新来创造新的循环经济模式，建造满足社会需要的环保电厂。合理利用资源，节能降耗，保护环境并带来经济的增长也是通过技术创新来实现的。技术创新的最终目的就是实现企业承担社会责任的目标，全面节能减排。走可持续发展的道路，促进地方经济发展回报社会。Ⓡ

参考文献

[1]刘常勇.科技创新与竞争力[M].北京：科学出版社，2006.

[2]钟泰.燃煤烟气脱硫脱硝技术及工程实例[M].北京：化学工业出版社，2000.

[3]（美）拉里·搏西迪（Larty Bossidy）.执行[M]，2005.

[4]建筑业协会.工程项目管理与总承包[M].北京：中国建筑工业出版社，2005.

[5]大唐哈尔滨第一热电厂2×300MW机组烟气脱硫、脱硝工程技术协议.

进一步加强施工总承包企业劳务分包管理

程先勇

(中建一局集团第三建筑有限公司, 北京 100161)

一、前　言

随着社会主义市场经济的不断发展、完善,建筑业有了较为迅猛的发展,建筑市场的管理也不断地趋于规范。我国建筑业自推行项目管理体制改革以来,初步形成了以施工总承包为龙头、以专业施工企业为骨干、以劳务作业为依托的企业组织结构形式。但是,这种理想的组织结构形式并没有起到预期的理想效果。除少部分专业程度较高的分部、分项工程由专业分包企业完成外,大部分具体的施工任务还是由建筑总承包企业组织劳务队和自有机械设备、自供材料来完成。劳务队伍专业化程度低,素质参差不齐;总承包商投入大量的人力、物力和资源来管理劳务队,管理精力被牵制,管理水平无法提高。随着市场开放性程度提高,国外建筑投资商和承包商进入,政策法律、法规逐渐国际化,进一步规范和完善建筑业专业分包体系,将是我国建筑市场发展的必然趋势。通过明确建筑业企业三个层面的功能地位,维护了建筑市场秩序,加强了对建筑活动的监督管理;同时,建筑施工劳务市场化已经成为不可逆转的发展方向。目前,施工总承包企业在劳务市场上的地位,已从"买方"逐步地向"卖方"转变;劳务分包企业也在日益变化着,可供选择且能够长期合作的劳务分包队伍和劳务分包企业,其数量在不断地减少,质量也两极分化。这就要求施工总承包企业必须进一步加强对劳务分包的管理工作。

二、劳务分包企业形成的简要回顾

20世纪80年代中期,原建设部提出了建筑施工企业管理体制改革的要求,明确了推行项目管理模式、按项目法施工,是深化施工企业管理体制改革的中心工作和突破口,由此形成了管理层与作业层的两层分离;作业层的主体也由全民所有制职工逐步演变成为农民合同制工人和外联队伍(由包工头组织的农民工);进入90年代,作业层的主体主要是有组织的外埠农民工队伍。

21世纪初,原建设部实施建筑业企业资质改革,将建筑业企业划分为施工总承包、专业承包和劳务分包三种类型。对劳务分包队伍进行规范管理,使其在劳务分包企业层面就位,以合同为纽带,将其与施工总承包企业紧密联系在一起,形成相互依赖、共存共荣的关系，成为建筑施工总承包企业在完成工程施工任务方面的生力军。

三、进一步加强劳务分包管理工作的必要性

在经历了十多年的改革发展之后，建筑施工总承包企业已基本完成由劳务密集型企业向智力密集型企业的转变；工程结构施工作业层面的主要工作内容，已全部由劳务分承包企业的劳务分包队伍实施。总体来讲，劳务分包队伍在工程项目履约过程中，发挥出不可替代的重要作用；但是，随着建筑业的迅猛发展、国家经济政策的不断调整，导致劳务分包队伍的数量、质量等方面逐步发生着变化，对施工总承包企业产生较大的影响，而且大有蔓延之势。对劳务分包队伍现状进行简要的分析，将有助于我们增强对进一步加强劳务分包管理工作必要性的认识。

(一)劳务分包队伍人员构成特点

1.思想观念相对落后

劳务分包队伍人员与大多数其他进城务工人员有着相同之处，均来自经济不发达地区，养家糊口是他们外出打工的主要目的，价值取向中更看重的是经济利益。

2.文化素质相对较低

从事工程项目施工作业(特殊工种除外)的要求条件不高，因此吸引了大批来自不发达或欠发达地区的进城务工人员，进入劳务分包队伍，参加工程建设施工。在施工现场形成人数众多、集中度高、文化素质普遍较低的特殊群体，对其管理也因此更具有特殊性。

3.心里归宿感较差

施工项目中，劳务人员处于一种流动状态，加上自身的自卑心理，他们中的许多人缺乏积极的社会参与意识。而且他们来自五湖四海，文化背景不一，对事物的理解往往存在着较大的地域差异。理解的差异容易导致矛盾的产生，给管理带来较大的难度。

4.主人翁意识淡薄

工程项目是一个临时的整体，劳务分包队伍人员的工作期限取决于所承担的施工工程量的多少，人员出现临时性，主人翁意识淡薄。临时的工作期限、挣钱养家的工作目的，使得劳务人员与管理人员、劳务人员与劳务人员之间更注重利益的关系。因而，当一方利益不能满足时，容易发生冲突。

5.劳务技术水平参差不齐

目前绝大部分建设工地劳务人员缺少文化、缺少技术。而劳务人员技术能力的低下、劳动创造力的匮乏，已经成为建设工程质量和速度的主要制约因素。

(二)劳务分包队伍的主要问题

1.违反合同约定，获取不当收益

劳务分包队伍借口各级政府出台的保护农民工的政策不执行合同条款，不按合同约定结算劳务费、工程款，而是采用恶意讨要的行为，违反合同，脱离法律依据胡夯乱要，这是劳务分包队伍中存在的比较普遍的问题，严重干扰了施工企业的正常经营秩序。而施工企业，尤其是国企为了维护社会稳定，减少事端，不得已而答应他们的非理要求。

2.劳务人员结构性短缺

随着建筑业企业资质重新就位，许多劳务分包企业变身为施工总承包企业；国家“三农”政策的调整，农民收入增加，降低了外出打工的积极性；劳务分包企业待遇低下影响了农民工的工作意愿；由于传统观念束缚，很多农村劳动力宁愿在家受穷而不愿外出打工；新一代农民工在思想意识上比上一代更为开放，外出务工不仅仅是为了解决温饱问题，还具有对工作环境和前途的追求，市场经济的发展为他们提供了更多的选择等。如此种种原因，导致劳务分包队伍中劳务人员结构性短缺，已出现青黄不接的现象。一些劳务企业已经是后继乏人。而缺乏高素质的劳务人员，工程的高质量也就无法保证。

综上所有因素都造成施工企业劳务管理困难重重，如何进一步加强劳务管理成为我们企业亟待解决的突出问题。

四、公司劳务分包管理现状

十几年来，公司不断地对劳务分包管理工作进行总结分析并加以改进，使公司的劳务管理制度日趋完善，劳务管理体系逐步健全，有效地促进了项目履约、推动了企业发展。

(一)加强组织管理，明确职能职责

公司项目管理部牵头负责公司劳务资源的总体管理工作，具有对劳务分承包队伍资质、能力的评审、年度年审，以及办理相关的注册、登记、备案职能。

公司合约报价部牵头负责劳务合同的总体管理工作，具有对劳务合同签订的组织、协调、评审，以及劳务价格的确认、劳务结算审核等职能。

公司项目经理部负责对施工过程中劳务分包队伍的使用与管理工作，具有推荐、选定劳务分包队伍、建立落实"实名制"管理的职责，参与分包合同相关条款的谈判、起草，以及对劳务分包队伍在施工过程中控制与监测、阶段劳务费用结算等工作。

(二)健全规章制度，落实政策法规

近几年，党中央、国务院以及北京市政府高度重视农民工权益保障工作，颁布了相关的政策法规；北京市建委和北京市劳动局，也明确了多种支付农民工工资的法定渠道，极大地增强了执行力度。公司认真组织学习宣传国家与北京市制定的有关政策法规，并贯彻落实到实际管理工作中。

公司先后制定了《公司劳务分承包招、投标管理办法》、《项目劳务分包管理办法》、《合同管理办法》、《工程项目结算管理办法(试行)》、《关于加强劳务与专业工程分包合同管理相关事宜的通知》、《关于付款结算期的通知》、《农民工群体性突发事件应急工作预案》等管理制度与管理办法，对加强劳务队伍管理工作发挥了较好的推动作用。

(三)存在的主要问题

1.劳务分包合同中的承包范围划分不清，在工程施工中扯皮现象时有发生。经统计，主要表现在安全事故的责任分担、周转材料的装卸、文明施工、安全防护等方面。

2.劳务分包合同的不完整性，造成在施工过程中与分承包商发生矛盾，对工期、质量、成本都是没有好处的。

3.企业为了追求利益最大化，往往倾向于低价中标，然而却会给工程管理带来很多隐患，对工程质量造成影响。

4.项目还存在劳务分包合同签订的滞后现象。由于种种原因，项目经理部先安排劳务分包队伍进场、后签订合同的现象时有发生，增加了企业经营管理风险。

5.农民工夜校的作用有待于进一步发挥。农民工夜校的功能作用应是全方位、多样化的，这方面的工作与政府的要求和农民工的需求尚有一定差距。

目前公司所用劳务分承包商共有24家，全部为一级劳务企业，劳务企业来自江苏、河南、湖北、安徽、重庆。合作时间为2~6年不等，施工范围全部为劳务作业。几年来，公司与劳务分包队伍之间未发生较大(含)以上的事件。

五、应采取的主要措施

(一)加强合同管理，强调责、权、利

1.做好劳务分包合同签订的前期策划。劳务分包的成本占工程总成本的15%~20%，对劳务合同管理的好坏是决定整个项目经济盈亏的一个重要影响因素。"凡事预则立"，劳务分包的管理应该在源头上进行把关，也就是在合同签订之前，需要对合同进行严格磋商、测算后方可签认。一份优秀的劳务分包合同，首先是实现双赢，才会在质量、安全、进度上得到保障，同时要遵循一项基本原则，即：要注重工程项目的综合收益，不宜单纯考虑人工费的节超问题。总结以往的实际工作，低价中标的劳务分包队伍，其人员的技能和素质都较低，直接影响工程的质量、安全和工期，有些队伍还会出现施工过程中或工程结束时提出涨价的要求，导致项目履约无法全面到位。

2.做好劳务分包合同履约的过程控制。只有重视合同，施工总承包企业与劳务分包队伍才能具有法律上的合作关系。同时，作为一份经济性的文件，其宗旨在于满足质量、安全、进度等前提下，如何降低合同金额，控制成本。合同一旦签订，必然成为项

目经理部对劳务分包队伍进行全面管理的法律依据，应使项目管理部各有关部门及人员都能看到合同文本，全面了解合同条款，尤其是要熟悉与本部门业务相关的条款。合同条款不仅是对劳务分包队伍行为的制约，也是对项目管理部管理人员行为的制约。对违反合同条款的行为，企业和项目都要有相应的措施和办法进行限制或制止，以确保合同履约工作的顺利完成。

(二) 加强分包作业成本控制和人工费的控制，促进成本降低

严格控制分包作业成本，是促进项目成本降低的关键。随着生产任务的不断增加，内部工程设备、劳动力等资源已供不应求。外协队伍的进入已成为施工生产的主要力量和为项目部赢得利润的重要角色。要通过招标的形式将有资质、高资质、能力强、设备新、经验足、报价合理的外协队伍用在技术含量较低的工程项目上。

劳务分包价格的确定，是一个相当慎重的问题。项目部一定要以公司确定的劳务分包指导价为基础，结合工程项目实际，按分部、分项子目内部分包单价采取倒算的办法反复进行测算分包单价标底。标底不能突破公司指导价，标底价加上项目自身成本费用预算不能突破内部责任成本预算指标，且要保证项目部目标利润的实现。

在签订分包合同时，一定要详细、严谨、明确，在实际执行中坚持每月考核评比制度，发现问题，及时解决，才能真正将奖罚制度贯彻实施。严禁先干活，后签合同。为确保劳务合同的顺利履行和工程质量达到规定标准，对劳务队伍实行合同履约金制度和结算扣押质量保证金制度。劳务分包实行按月据实结算，严禁预付和超付结算款。

(三)转变管理观念，促进和谐用工

施工总承包企业应改变对劳务分包队伍的雇佣关系，建立“平等、协作、互利、共赢”的合作伙伴关系。要在更高层面上认识到，无论施工总承包企业、专业承包企业，还是劳务分包企业，都是为实现工程项目总体目标而努力工作，只是具体分工有所不同。当总承包企业选择了劳务分包企业，就意味着除了履行合同外，还必须认真贯彻落实政府和行业主管部门的相关政策法规和规章制度。

总承包企业应充分发挥工会联合会的作用，利用农民工夜校这个平台，针对施工项目中劳务人员特点，深入组织开展技能培训、法制宣传、安全教育等工作，并加强实施的力度；同时应进一步做好劳务分包队伍人员的工资支付、居住环境、业余生活等方面工作。总承包企业应要求企业的管理人员运用科学的、艺术的、针对性强的管理手段，加强施工现场劳务人员的管理，以提高施工项目的工程质量，达到施工企业和劳务企业的双赢。

(四)建立劳务管理中心，提升综合协调能力

劳务分包管理是一项综合性管理工作，涉及合约、成本、技术、安全、质量、财务、资金、物资各个管理环节工作，同时还涉及治安、预防疾病与食物中毒等项工作。作为总承包企业，应设立劳务管理中心，提升综合协调能力，实现“公司统筹规划、业务系统安排、项目分级管理、岗位定期检查”，以提高工作效率，确保工作质量，促进企业和谐、稳定地发展，促进企业信誉、效益的同步提升。

加强施工安全管理 促进企业发展

朱建新

(中建四局第六建筑工程有限公司, 安徽 芜湖 241000)

摘 要:近年来安全事故接连不断地发生,本文主要阐述了加强施工安全管理对促进企业发展的重要性和必要性。通过安全组织机构与规章制度、安保体系、安全教育与培训的建立,准确及时地对危险源进行识别和有效的控制以及安全隐患的排查治理等对减少安全事故发生有重要意义。

关键词:安全管理,企业发展,组织机构,规章制度,安保体系

受经济危机的影响,建筑施工企业经营形势十分严峻。由于行业的特点,建筑施工企业的发展是通过工程项目管理来实现的,企业通过项目获得更好的信誉和效益。然而,安全管理是工程项目管理的重中之重,也是建筑施工企业在进行生产经营活动中的一项必不可少的重要工作内容。安全是幸福,安全是效益,安全是企业生存的保障,因此加强安全管理可以促进企业发展。

安全管理工作的成败决定企业的前途和命运。良好的安全环境,可以给企业创造良好的经济效益和社会信誉,使国家和集体财产免遭损失,职工生命安全得到保障,否则就会给企业带来巨大损失。从脚手架倒塌到塔机失稳;从高空坠落到物体打击;从地下工程的塌方到地面的山体滑坡等,一件件触目惊心的事故已经给世人敲响警钟。我们有责任、有义务做好安全管理工作,再不能让生命付出代价,再不能让财产遭受损失。中央企业始终坚持"安全第一、预防为主、综合治理"的方针,严格执行安全生产各项法律法规,在建立健全安全生产责任制和企业内部各项规章制度、开展专项整治和综合治理、加强安全管理等方面做了大量富有成效的工作,但建筑施工企业重大以上安全事故多发的现象不容忽视,必须采取有效措施。安全工作不是单一的部门和个人的工作,它是一项社会化工程、一项系统化的工程,只有企业领导和全体员工高度重视安全工作,认真贯彻执行《中华人民共和国安全生产法》和行业安全生产管理规定,加强安全管理,提高安全意识,才能避免和减少安全事故的发生,确保企业的发展。

那我们应如何加强安全管理呢?施工企业安全管理工作应坚持以人为本指导思想,认真贯彻落实安全管理责任制,不断增强全员安全管理和安全防范意识,重点加强基础管理,重中之重是加强机电和临电管理。在安全管理过程中加大对重大危险源的识别,分阶段加强对重点、难点和特点的监控,加大安全专项整治和整改力度,从而提高对安全管理工作的监管和执行力,真正做到"不伤害自己,不伤害别人,不被别人伤害"。让安全管理工作为企业市场竞争增强实力,为企业发展奠定坚定的基础和保证,要从以下几个方面开展好工作。

一、加强安全组织机构的建立和规章制度的完善,夯实安全管理基础

安全组织机构在企业安全生产管理中是一个最基本的也是最重要的职能部门。组织机构的设置要遵守《中华人民共和国安全生产法》的规定,也就是

说企业第一责任人同时也是安全生产的第一责任人,负责安全工作重大问题的组织研究和决策。机构第二内容就是主要安全负责人负责企业的安全生产管理工作。机构的第三个内容是企业安全职能部门,施工企业的性质决定必须设立安全职能部门,负责日常安全生产工作管理监督和落实。安全组织机构的设置应体现精干高效,既有较强的责任心,又有一定的吃苦耐劳的精神;既有较丰富的理论知识、法律意识又有丰富的现场实践经验;既有一定的组织分析能力又有良好的职业道德修养。安全职能部门要充分了解、掌握国家有关安全生产的法律、法规知识,并贯穿到基层中去;负责修订和不断完善企业的各项安全生产管理制度;负责组织学习、培训企业在职人员安全知识和实际操作技能;负责监督、检查、指导企业的安全生产执行情况;负责查处企业安全生产中的违章、违规行为;负责对事故进行调查分析及相应处理。在组织机构建立完善的同时,还要层层建立安全生产责任制,签订责任状,将责任制纳入到企业的各部门和工作岗位中去。

安全规章制度是安全管理的一项重要内容。俗话说,没有规矩不成方圆,在企业的经营活动中实现制度化管理是一项重要课题,安全制度的制定要符合安全法律、法规和行业标准,制度的内容要齐全、具有针对性。企业的安全生产制度应该具有实效性和可操作性,反映企业性质,面向生产一线,贴近职工生活,让职工体会并理解透彻。一项合理、完善、具有可操作性的安全管理制度,有利于企业领导的正确决策,有利于规范企业和企业职工行为,有利于指导企业生产一线安全生产的实施,提高职工的安全意识。加强企业的安全管理,最终实现杜绝或减少安全事故的发生,为企业的生存与发展奠定良好的基础。

二、加强现场安全生产保证体系的建立,让体系发挥更大作用

施工现场安全生产保证体系标准是建筑施工企业内部实施施工现场安全生产过程的管理。自1994年始,不少建筑企业开展质量体系贯标认证(ISO9001、ISO14001、OHSAS18001)的工作,“三合一”贯标确保企业各项管理职能部门能有效达到管理目标。施工现场安全生产保证体系标准坚持“以人为本”,从不同的侧面制定了完整而系统的管理和控制模式要求,有利于安全生产管理的标准化、规范化。施工现场安全生产保证体系为企业引入一种新的安全管理模式,将安全管理单纯靠强制的被动行为转变为企业自愿参与的主动行为,从根本上实现安全管理模式从“事后查处”向“事前预防”的转变,从“外部要企业安全”转变到“企业自己要安全,企业会安全”的概念转变。施工现场的安保体系具有可操作性、适宜性、可追溯性,它将实现安全生产、降低事故隐患的手段通过各个要素反映出来,为企业提供了一条改善安全管理的有效途径,使企业的安全工作有据可查、有章可循,使其达到预期效果。

三、加强安全教育与培训,增强安全意识,约束自我行为

安全教育是施工企业职工的一堂必修课,而且应该具有计划性、长期性和系统性。安全教育由企业的人力资源部门纳入职工统一教育培训计划,由安全职能部门归口管理和组织实施,目的在于通过教育和培训提高职工的安全意识,增长安全生产知识,加强对自我行为的约束,有效地防止人的不安全行为,减少人为失误。安全教育培训要适时、适地、内容合理、方式多样,形成制度,做到严肃、严格、严密、严谨,讲求实效。

1.进场教育

对于新录用的职工和调换工种的职工应进行安全教育和技术培训,经考核合格方准上岗。企业对于进场的职工实行三级安全教育,它是新职工接受的首次安全生产方面的教育。企业对新职工进行初次安全教育的内容包括:劳动保护意识和任务的教育;安全生产方针、政策、法规、标准、规范、规程和安全知识的教育;企业安全规章制度的培训学习。工程项目部对新分配来的职工进行安全教育的内容包括:施工项目安全生产技术操作一般规定;施工现场安全生产管理制度;安全生产法律和文明施工要求;工程的基本情况、现场环境、施工特点、可能存在的不安全因素。作业班组对新分配来的职工进行工作前的安全教育包括:从事施工必要的安

全知识、机具设备及安全防护设施的性能和作用教育；本工种安全操作规程；班组安全生产、文明施工基本要求和劳动纪律；本工种容易发生事故环节、部位及劳动防护用品的使用方法。

2.特种及特定安全教育

对特种作业人员，除接受一般性安全教育外，还要按照《关于特种作业人员安全技术考核管理规定》的有关规定，按国家、行业、地方和企业规定进行特种作业培训、资格考核取得特种作业人员操作证后方可上岗。再就是对季节性变化、工作对象改变、工种变换、新工艺、新材料、新设备的使用以及发现事故隐患或事故后，应进行特定的、适时的安全教育。

3.经常性安全教育

企业在做好新职工入厂教育、特种作业人员安全教育的同时，还必须把经常性的安全教育贯穿于安全管理的全过程，并根据接受教育的对象和不同特点，采取多层次、多渠道、多方法进行安全生产教育。经常性安全教育反应安全教育的计划性、系统性和长期性，有利于加强企业领导干部的安全理念，有利于提高全体职工的安全意识，更加具体地反映出安全生产不是一招一式、一朝一夕，而是一项系统性、长期性、社会化、公益性工程。施工现场的班前安全活动会就是经常性教育的一个缩影，长期有效的班前活动更面向一线、贴近生活，具体地指出了职工在生产经营活动中应该怎样做，注意那些不安全因素，怎样消除那些不安全隐患，从而保证安全生产，提高施工效率。

4.安全培训

培训是安全工作的一项重要内容，培训分为理论知识培训和实际操作培训。随着社会经济的发展和管理工作的不断完善，新材料、新工艺、新设备、新规定、新法规也不断地在施工活动中得到推广和应用，因此就要组织职工进行必要的理论知识培训和实际操作培训。通过培训让其了解、掌握新知识的内涵，更好地运用到工作中去，通过培训让职工熟悉、掌握新工艺、新设备的基本施工程序和基本操作要点。同样对一些新转岗的职工和脱岗时间长的职工也应该进行实际操作培训工作，以便在正式上岗之前熟悉、掌握本岗位的安全知识和操作注意事项。

四、加强危险源的识别与控制工作，做到有的放失、准确及时地对危险源进行识别和有效的控制，是全面做好安全生产工作的一项重要的工作

危险源的识别和控制是一项事前控制。安全生产只有在事前进行有效的控制，做到有的放失，才能取得事半功倍的效果，才能避免和减少事故的发生。危险源的确定一般考虑因素有：一是容易发生重大人身、设备、塌方、高边坡、滑坡危害等；二是作业环境不良，事故发生率高；三是具有一定的事故频率和严重度，作业密度高和潜在危险性大。施工企业在生产经营活动中最常见的危险源有：高空坠落、物体打击、坍塌、机械伤害、施工生产用电、特种设备作业现场、地下涌水、有毒有害气体、高空作业、滑坡、重点防火防盗区域等。对危险源的识别和确定要准确，才能有效地制定针对危险的技术措施和防护方法。危险源一经确定，就必须纳入控制管理范围及时传达到施工作业区的每位工作人员，并设置危险源安全标志牌，任何单位和个人不得破坏危险源区域内的安全警示标志。现场指挥人员和施工人员要高度重视本区域安全动态，危险源若发生变化，尤其是升级时，应采取有效措施保证人身和机械设备的安全，危险源的撤离和消耗必须在确定无安全隐患时才能实施。

五、加强安全生产的检查，及时排除安全隐患，落实奖惩制度

有计划、有布置、有检查是工作的一般程序，安全生产也不例外，在安全生产布置的同时，制定相应的检查计划。检查形式是多样的，施工企业安全检查一般分为常规性安全检查、特殊性安全大检查、定期检查和不定期抽查。施工现场生产环境复杂，工作面多、工序繁杂、施工机械的性能和施工人员的技术等级、文化素质参差不齐，因此对施工现场进行常规性安全检查是做好安全工作的基础环节。安全管理部门对那些带有安全隐患的工作场所长期地进行监督检查、督促、指导，使生产中产生的安全隐患得到及时纠正或排除。特殊性安全大检查是在某一特定时段和区域内开展的，参加人员层次多、检查范围广、

带有针对性。定期检查是施工企业在日常的生产活动中的一项检查制度，有固定的时间，属于例行检查范畴。不定期抽查虽不是制度化的检查，但它的意义非同一般.不定期抽查带有突击性检查的性质，也就是说在没有预先通知和施工现场没有准备的情况下而进行的安全检查，由此发现的问题更真实、更客观，解决安全问题的方法更有效，作为施工企业尤其是施工现场应该加强这方面的检查和指导，目的在于扎扎实实地把安全工作落到实处。

安全生产奖罚机制和企业制定的其他奖罚制度一样，目的在于奖勤罚懒、奖优罚劣。企业的安全工作关系到企业生存的大事，做得不好，企业遭受损失、职工生命受到威胁，所以对那些管理混乱、无视安全生产、违章指挥、违章操作、有禁不止、有令不行的单位和个人按制度和规定给予处罚，后果严重的按照安全生产法律法规程序予以严罚。同时，对那些认真贯彻执行国家有关安全方针、政策、法规规定；在改善劳动条件及防止工伤事故和职工危害做出显著成绩；消除事故隐患、避免重大事故发生；发生事故积极抢救并采取措施防止事故扩大；以及提出合理化建议，有科研成果且成绩显著的按相关规定给予奖励，使安全生产工作走向正规化、制度化管理。

总之，我们要把加强安全生产管理工作作为促进企业发展的战略性举措。安全管理是施工企业管理的重要组成部分，是一门综合性系统科学，安全管理的对象是生产中的一切人、物、环境的状态管理与控制，因此是一种动态的管理。安全管理的水平高低与成败直接关系到企业的社会信誉和经济效益，关系到国家和集体财产以及职工生命的安全。我们要认真研究，积极探索，开拓创新，完善机制，加强管理，强化意识，达到安全生产的宏伟目标，确保企业在激烈的市场竞争中得到可持续发展。

南京建筑市场创新思路 包工头“转正”劳务经理

包工头在组织劳务输出、搞活建筑市场方面，发挥了积极的作用。同时，也存在着违法分包、拖欠工资等问题。据此，南京创新思路，对包工头加强管理，赢得了建筑企业和民工的欢迎。

3月10日，从南京市建工局获悉，自去年9月《南京市建筑劳务经理管理暂行办法》实施以来，该市已有1 500名包工头参加了政府组织的培训班并领到《建筑劳务经理证书》。

南京市建管处分包中心副主任颜江说，包工头最初的“出身”，其实就是农村的建筑能人，凭借一手好手艺带出“徒子徒孙”，或依靠老乡、亲友关系进城做工程。不管建筑工程多大，其“基层单位”都是这种包工头组织。南京30多万建筑工人，多数是包工头带出来的。由于自身素质和建筑市场的原因，包工头违法分包、拖欠卷走民工工资屡见不鲜，占到南京每年民工工资拖欠的15%左右。

如何兴利除弊，发扬“包工头”组织、管理民工的特长，剔除其隐患？该市规定，包工头都需经过培训才能跻身“劳务经理”，日常工作是“编制民工名册，协助企业做好民工调配、登记和考勤”，负责“劳务人员每日出工工资确认记录，编制月工资报表”。但每名民工、包括包工头自己，都需与企业签订劳动合同，民工工资不得交与包工头发放，包工头组织、管理民工自有酬劳，但不得承揽分包工程赚取劳务差价。

南京建筑劳务经理管理办法出台半年来，已经办了十几期培训班，建筑企业积极性很高。下一步，计划将在所有建筑企业推广“劳务经理制”。

成本如何最大程度转化为资本

——浅析"鸟巢"项目法人合作方投标风险防范

◆ 罗金财

(北京城建集团有限公司, 北京 100088)

摘 要 成本如何最大程度地转化为资本是企业一项长期、艰巨、复杂、涉及全员、全方位、全过程并贯穿于生产经营始终的工作,是企业管理的永恒主题。随着建筑市场竞争日趋激烈,施工企业欲谋求自身生存与发展必须拥有前瞻的营销理念,超前的营销思路,新颖的营销方法,科学的管理;不断提高企业的核心竞争力,以市场为导向,千方百计,广泛承揽高尖端、地标性、资金到位、科技含量高的大型和超大平面及超高层的公共建筑,才能不断提升企业的品牌。而承揽品牌项目对整合综合资源要素和规避成本,以及风险防范乃企业发展的核心。本文以集团营销部长亲自组织营销人员参加第29届奥林匹克运动会工程投标,着重就成本如何最大程度地转化为资本,浅析"鸟巢"项目法人合作方投标的风险防范。

关键词 成本,资本,鸟巢,项目法人合作方,项目公司

成本:是指企业为取得和使用资金所付出的代价,它包括资金占用费用和资金筹措费用。

资本:是在复杂的经济和社会关系中,个人或企业拥有的货币、物品、技能、信息、特征、权利等力量,凭借这些力量可以占据相互关系中的支配或主导地位,拥有大部分财富。

鸟巢:由瑞士赫尔佐格和德梅隆建筑设计公司中标的方案设计和中国建筑设计研究院负责施工图设计的由北京城建集团有限责任公司施工总承包的第29届奥林匹克运动会开闭幕式的主会场——国家体育场,因其外形像"鸟巢",因而简称"鸟巢"。

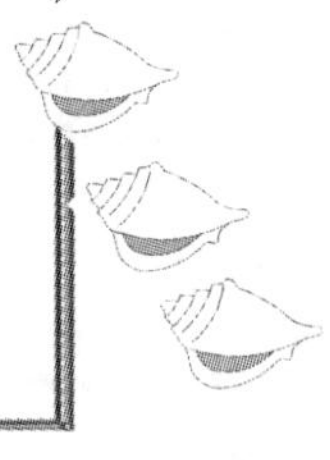

项目法人合作方:

1.北京市国有资产经营管理有限责任公司

2.中国中信集团公司

3.北京城建集团有限责任公司

4.美国金州控股集团公司

项目公司:由项目法人合作方联合组成的国家体育场有限责任公司

绪 论

2002年12月9日,北京市发展计划委员会奥运办代表北京市人民政府,向社会公开发售《国家体育场项目法人合作方资格预审和征集文件》等7个项目的资格预审文件,并于2003年3月、4月先后发售以《国家体育场项目法人合作方招标文件》等7个项目的招标文件。北京城建非常重视奥运工程,集团于2002年12月中旬召开专题董事会,大家一致表示:一定要动员全体职工积极参与奥运,积极投身奥运,主动开展我为奥运添光彩活动;同时,成立以集团董事长任组长、总经理任副组长的奥运工程投标领导小组,并向社会招聘奥运工程投标专业人才,在集团市场营销部专设奥运投标办公室,投标工作开展得如火如荼。为了组成强大的投标联合体,我们联合了法国万喜大型工程公司、法国布伊格建筑公司、中信国安集团公司、北京城建集团有限责任公司、美国金州控股集团有限公司。但由于各方面的原因,法国万喜大型工程公司和法国布伊格建筑公司决定放弃投标联合体的成员身份,而改作联合体顾问。新的联合体改为由中国中信集团公司、北京城建集团有限责任公司、金州控股集团有限公司三家成员组成。其中中国中信集团公司为新的联合体代表。经过评标委员评审,排名第一的中标候选人在招标文件第一卷"投标人须知"规定的时间内未能签订有效的法律文件。根据《评标委员会和评标方法暂行规定》,按照北京奥林匹克公园(B区)国家体育场项目法人合作方招标文件的有关要求,招标人决定:原排名第二的中标候选人,即中国中信集团联合体为国家体育场项目法人合作方招标的中标人。联合体的中标,充分展示了联合体各方协同作战和项目管理以及资本运作的综合实力,不断提升了各方营销队伍的综合素质和企业综合管理水准以及社会品牌。"鸟巢",第29届奥林匹克运动会开闭幕式的主会场。根据国家发改委批复的项目可研报告——项目建筑安装总投资30多亿元。针对如此巨大的投资,怎样筹措资金,规避风险,将成本最大程度地转化为资本,本文着重从以下四个方面进行浅析。

第一部分 强强结合,战略联盟,直接引资,规避风险

根据《国家体育场项目法人合作方资格预审和意向征集文件》和《国家体育场项目法人合作方招标文件》要求:鼓励和吸纳具有综合实力的国内外社会资本以联合体的方式,参与项目法人合作方的投标。

一、强强联合,联盟国内外品牌承包商

经过多方磋商了解以下联合体的优势:

1.法国万喜大型工程公司

法国万喜公司成立于1890年,至今已有100多年的历史,世界顶级的建筑以及工程服务企业。下设万喜能源、万喜建筑等公司。万喜公司有2 500家分支机构分布在全球80多个国家和地区,在租赁经营、通信、公路桥梁等领域优势突出,是全球最大的土木工程公司,在BOT等项目融资方面具有丰富的经验和强大的实力。

2.法国布伊格建筑公司

布伊格集团成立于1952年,该集团的主营业务有三大块:电信-多媒体,服务和建筑。分别涉及六个行业:电信、通信、公共服务管理、道路和房地产业。建筑是布伊格集团最基本的业务,另外,还有布伊格房地产公司,主要业务涉及民用住房、工厂用房、商场和旅馆及城市各种设施等。

3.中国中信集团

中国中信集团自身具有极强的融资能力和其他各种有利于本项目顺利实施的资源,属下拥有多家上市公司。其子公司中信国安集团下属的北京国安足球俱乐部具有很专业的体育设施运营经验和能力,并拥有北京市唯一的一支中超足球队。同时,中信集团内部的银行、证券、保险、信托、建设、演出、旅游等各方资源可充分保证项目各个阶段资源的需要。其子公司中信建设集团具有总承包和专业施工资质,拥有两家甲级综合建筑和专业设计院。中信实业银行是中国排名前5家商业银行之一。

4.北京城建集团

北京城建集团拥有建筑、公路双特级资质,市政工程总承包等5个一级总承包和专业资质,所属城建设计研究总院拥有建筑设计、市政等9个甲级资质;集团有国家级企业技术研发中心,具备强大的综合设计、施工总承包能力和丰富的钢结构施工经验,项目管理规范,获得国家级企业管理现代化创新荣誉。项目涉及工业与民用建筑、市政、地下铁道、高速公路、深基础、机场、长输管线等专业领域,是集建筑总承包管理、房地产开发、城市基础设施项目的投融资及运营、工业生产、商贸流通、物业管理、旅游、外经贸等多元经营为一体的大型综合性企业集团,并为全国建筑业首批上市企业。

5.金州控股

具有多年在城市基础设施建设和环境保护领域的总承包经验和丰富的国际导购经验。曾将国际上许多先进的工艺、技术和理念引进中国,熟悉国际、国内BOT项目运作模式并拥有成功的范例,是多家国际著名企业在中国的合作伙伴。

各方依据《中华人民共和国合同法》、《中华人民共和国公司法》、奥林匹克宪章、北京奥林匹克公园(B区)国家体育场项目法人合作方招标文件等有关规定,本着诚信、平等、自愿的原则组成联合体。联合体各方就共同参加“北京奥林匹克公园(B区)国家体育场”项目(以下简称“本项目”)投标及中标后项目实施运行等有关事宜在北京正式签订联合体协议。联合体各方一致同意本着资源优势互补、强强联合的精神,并依据投资比例共同承担风险、责任和享受权利的原则,组成在本项目投标中对一切行为共同或分别承担连带责任的联合体。

二、规避风险,增强联合体的核心竞争力,重新组阁新的联合

由于法国万喜大型建筑工程公司和法国布伊格建筑公司自身的融资受限,分别要从私人投资者/或通过一项资本信托计划或证券在中国/或海外市场或通过其他方式筹集资金,历时三个月均未筹集到资金等多方面原因,使当时万喜投标联合体陷入困境,经北京市发展计划委员会批准;法国万喜大型工程公司和法国布伊格建筑公司决定放弃投标联合体的成员和代表身份,而改作联合体顾问。变更后的投标联合体组成为:联合体代表——中国中信集团公司,联合体成员——北京城建集团有限责任公司;金州控股集团有限公司。

三、不断提高外资的投资比例

中国中信集团公司为了更好地从香港融资,即在征得北京市发展计划委员会和联合体同意的前提下,吸收中国中信集团公司下属的子公司为联合体成员。

新的投标联合体成员的股东结构为:

中国中信集团公司及下属子公司	27.3%
北京城建集团有限责任公司	12.6%
金州控股集团公司	2.1%
	共计 42%

四、千方百计,降低企业投资的风险,不断提高政府的投资比例

2003年上半年,新的投标联合体通过招标人确认后,为了减少企业投资体育场馆的风险,联合体成员整合综合资源要素,千方百计降低企业投资风险,经北京市人民政府同意,由代表北京市人民政府的北京市国有资产经营有限责任公司出资58%。

第二部分 剖析和降低建安成本,千方百计,获取特许权协议

一、整合资源要素,精心编制项目法人投标文件

按照投标联合体的具体分工,由北京城建集团有限责任公司负责投标文件的编制。因此,在前人从未干过“鸟巢”类似工程的前提下,集团市场营销部整合资源要素,高薪聘请世界名牌承包商——法国万喜大型建筑公司作为项目总承包的管理顾问,同时,诚请世界钢结构品牌承包商——英国的克利夫兰钢结构公司作为项目钢结构施工总承包的顾问,以及聘请我国清华大学钢结构教授——郭颜林、中

国钢协钢结构焊接与吊装专家——周文瑛等九名院士专家,组成投标与施工顾问专家团,联合北京城建集团的投标专家组,形成强大的投标组织体系。一方面不断优化设计大纲和建筑概念设计以及建筑设计方案及施工方案;另一方面结合设计方案、施工方案,精心编制工程量清单;再一方面,不断完善投资和融资以及维护方案,为降低成本、提高投标文件的编制水准起到了积极的作用。

二、密切与项目的行政监管单位的关系,为编制和降低建安成本以及签约《国家体育场特许权协议》创造条件

(一)按照奥林匹克宪章和主办城市合同向国际奥委会履行规划、组织和举办奥运会的义务,北京市政府将提供主要的奥林匹克设施,其中,包括位于北京奥林匹克公园(B区)的国家体育场。

(二)北京市政府授权项目公司对体育场进行投资、融资、设计、建设,并在特许经营期内,按照本协议的条款和条件对体育场进行运营、维护和修理。

(三)在特许经营期届满之时,项目公司将按照本协议的规定免费将体育场移交给北京市政府或其指定接收人。

(四)北京市政府和项目公司为了明确与本项目有关各方的权利和义务特需要签订《国家体育场特许权协议》。

因此,必须做如下几方面的工作:

1.明确项目公司与项目行政监管单位的关系

因为本协议的任何内容,均不应被理解为在北京市政府与项目公司之间创设了合营或合伙关系。而且,北京市政府为本项目的招标人,其授权北京市发展计划委员会负责本项目的招标活动;北京市政府为政府机关,在本协议中并不限制,或以其他方式应向北京市政府以自由裁量行使其法定权利。因此,项目公司更应注重与项目行政监管单位的关系,从而达到优化方案、减少投资、提高项目公司的效益。

2.注重项目的风险和项日的批准

《特许权协议》规定:"项目公司接受与本项目有关的一切风险,包括但不限于以下方面:对本项目进行投资、融资、设计和建设,负责项目的运营、维护、修理成本,以及本项目所产生的收入可能少于项目公司及其顾问所作预测的风险"。因此,项目公司必须迅速申请并服从每一相关政府机关提出的合法要求和一切批准,并支付一切费用、购买一切保险,从而达到降低风险的目的。

3.无偿使用土地使用权和免缴基础设施配套建设费以及承担项目设施场地的一级开发费

经过与北京市政府多次磋商,土地管理部门已同意将项目设施场地的土地使用权以划拨方式无偿提供给项目公司,项目公司不需缴纳土地出让金和基础设施配套建设费;但项目公司需承担项目设施场地的土地一级开发费,该土地一级开发费为每建筑平方米(不包括地下停车场面积)人民币1 040元。因此,大幅减少建设投资。

4.北京市政府及有关主管部门完成下列各项北京市政府前期工程

(1)搬迁安置受建设影响的居民与其他人,拆除项目设施场地的任何房屋、结构物或障碍物,以便在建设开始前满足特许权协议建设方案所规定的粗坪土标高。

(2)提供项目建设所必须的、达到项目设施场地规划红线的临时电力、天然气、供水、排水、通信以及道路设施。但项目建设所需的临时热源由项目公司自行解决。

第三部分 低成本扩张,获取建安工程总承包权

2003年8月2日,北京市发展计划委员会决定:原排名第二的中标候选人,即中国中信集团联合体为国家体育场项目法人合作方招标中标人。

一、根据国家体育场项目的结构极为复杂,而且是多重结构、科技含量高,施工难度大,施工图纸严重滞后等多种因素

因此,北京城建集团积极倡导联合体代表,为了确保第29届奥林匹克运动会开闭幕式会场的工期,降低施工总承包招标的成本,经事先征得北京2008奥运工程指挥部和北京市发展计划委员与北京市人民政府及国家发改委同意,招标人于2003年7月25日以承诺函答复,同意招标人2007年7月10日的澄清会问题答复,关于总

承包资质问题，城建集团具有特级总承包资质，中信集团只具有一级总承包资质，若共同承担总承包，将按照一级资质看待，请招标人明确总承包单位——北京城建集团。因此，就免去施工总承包投标这一项费用，可为投标人节约投标费用数百万元人民币。

二、从投资结构看

中国中信集团公司及其下属子公司	27.3%
美国金州控股集团公司	2.1%
北京城建集团有限责任公司	12.6%

由此可见，北京城建集团有限责任公司以低成本扩张取得了国家体育场项目施工总承包权。

三、根据《国家体育场项目建筑安装工程施工总承包合同之补充协议二》第7条规定

在发包人向承包人支付工程款、备料款、工程进度款和借款累计达到一定数额后，发包人将一期付款开始按照40%的比例抵扣工程预付款。这种付款方式大大好于房地产开发项目，从而不断减轻施工总承包人的施工前期的资金压力。

第四部分　成本转化为资本，合作经营“鸟巢”

按照《奥林匹克竞赛》和《主办城市合同》向国际奥委会履行规划、组织和举办第29届奥运会的义务，北京市人民政府需建设并提供位于北京奥林匹克公园B区的国家体育场以供第29届奥运会使用。

北京市人民政府决定就北京奥林匹克公园B区的国家体育场项目进行“项目法人合作方”国际公开招标。北京市政府此次招标的目的是：通过招标程序确定中标人，中标人将与北京市人民政府指定并委派的出资代表签署体育场项目合作经营合同，并得根据该合作经营合同的规定由中标人与北京市政府指定并委派的出资代表组成“项目公司”即国家体育场有限责任公司。

项目公司成立后，项目公司将与北京市政府正式签署体育场项目《特许权协议》。依据《特许权协议》的约定，北京市人民政府将授权项目公司对体育场项目进行投融资、设计和建设，项目公司按照预定的条款和条件在特许经营期内对体育场项目进行经营管理及维护管理，在特许经营期届满或特许经营权提前终止时，项目公司将按照《特许权协议》的约定将体育场项目移交给北京市人民政府或其指定的接收人。

依据北京市人民政府指定，北京市国有资产经营有限责任公司作为北京市政府在体育场项目的出资代表参与体育场项目的投融资、设计、建设、运营管理、维护修理及移交等。北京市国有资产经营有限责任公司作为北京市人民政府的出资代表，将依据合作经营合同约定享有项目公司的股东权益，并履行对项目公司的股东义务。

国家体育场项目可研批复30多亿元，国家体育场有限责任公司成立后，项目公司按照已批复的可研金额进行投资。项目公司的注册资金为总投资的33.33%。其中，北京城建集团的出资比例为12.6%，注册资本出资1.45亿元，即获得了国家体育场项目施工总承包权和以出资比例12.6%的30年经营权。从资本运作方面来讲：以最小的成本投入转化为最大程度的资本回报，合作经营“鸟巢”30年。

结　论

“鸟巢”项目，北京城建以投资项目总投资12.6%的金额，获得了举世瞩目的第29届奥林匹克运动会的开闭幕式主会场的特大型、超大平面、异形钢结构工程的施工总承包和30年合作经营权，并通过奥运会向全世界人民展示北京城建投融资和工程总承包的综合实力，为企业的持续、长远、和谐发展注入了新的活力，为第29届奥林匹克运动会辉煌璀璨开闭幕式做出了贡献。因此，建议我们的施工企业同行们在激烈的建筑市场竞争中，必须拥有前瞻的营销理念、超前的营销思路和方法，注重市场调研，特别是要善于加强对投融资和工程施工总承包项目投标的风险防范研究，有选择地参与项目投融资。通过以市场为导向，以设计咨询为载体，以投融资带动工程总承包，并不断拓展项目的经营权，从而达到将成本投入最大程度地转化为企业发展的资本，实现名利共荣。

成本控制理论在电力工程管理中的应用

◆ 刘明哲[1]，杨晓辉[2]

(1.沈阳工业大学工程学院，沈阳 110061；2.东北电业管理局第四公司，辽宁 辽阳 111000)

摘　要：成本控制是成本核算发展的高级阶段，电力工程施工企业成本管理的关键是其成本是否得到了合理有效的控制。本文主要从电力机组燃煤工程项目成本控制实践出发，研究工程成本控制的方式与做法，并针对项目成本控制中存在的问题，探讨如何应用项目成本控制相关理论，并通过成本控制过程、成本控制技术方法等一系列手段，达到控制工程项目成本的目的，最终使工程项目成本目标得以实现。

关键词：成本控制，电力工程，问题及解决方法

绪　论

长期以来，电力施工项目成本管理方面存在重实际成本的计算和分析，轻全过程的成本管理；重建造成本的计算，轻采购成本、工艺成本和质量成本；重财会人员的管理，轻群众性的日常管理的现象。对电力施工项目成本控制认识上有许多误区，主要表现：第一，“原材料涨价，成本无法控制论”。原材料价格的涨落给不少进料成本比重大的企业以更多的机会，材料采购渠道、采购方法、资金调度都有值得研究的方面。第二，“成本控制就是降能节耗，减员增效”。企业满足于降低消耗和裁减冗员，甚至尽力降低第一线工人的工资，认为成本已得到了控制。其实，降低消耗、节约资源并不是降低成本的重要途径。降低成本包括多个方面：充分发挥生产能力是降低成本的关键措施，调动积极性，包括全体员工生产热情的大幅度的提高也将会降低成本。第三，“降低成本就是要扩大生产规模，追求规模效应”。市场经济中的规模效应指的是在市场中的占有率。市场占有率高往往使成本降低，生产规模仅仅是其中的一个要素，而企业规模则适得其反。因此企业个体越来越小，企业群体或集团越来越大，提倡协作型竞争是市场竞争的总趋势。第四，“肥水不外流是控制成本的方法”。有些企业宁可把各个生产环节尽可能留在自己企业之中，殊不知风险全自负，成本会居高不下。长期计划经济模式下形成的地方保护、部门保护都是成本居高不下的原因。第五，“控制成本是财务的事”。每个经营环节中都蕴藏着降低成本的潜力，而环节与环节之间更是降低成本的关键所在。要取得成本优势还需要获得各方面的支持和配合。正因为成本发生在企业经营的每个环节，只有全方位的关注、配合，企业的成本优势才可能建立。

一、电力工程施工项目成本控制的内容

1.电力施工项目成本控制的原则

(1)开源与节流相结合的原则

电力施工项目每发生一笔金额较大的成本费用,都要有与其相对应的预算收入,是否支大于收,在经常性的分部、分项工程成本核算和月度成本核算中,也要进行实际成本与预算收入的对比分析,以便从中探索成本节超的原因，纠正项目成本的不利偏差,提高项目成本的降低水平。

(2)全面控制的原则

项目成本是一项综合性很强的指标，它涉及项目组织中各个部门、单位和班组的工作业绩,也与每个职工的切身利益相关。因此,项目成本的高低需要全体员工的关注,电力施工项目成本管理(控制)也需要项目建设者群策群力。

施工项目成本的全过程控制，是指在工程项目确定以后,自施工准备开始,经过工程施工,到竣工交付使用后至保修期结束，其中的每一项经济业务往来,都要纳入成本控制的轨道。

(3)中间控制原则

对于具有一次性特点的施工项目成本来说，应该特别强调项目成本的中间控制，因为施工准备阶段的成本控制，只是根据上级要求和施工组织设计的具体内容确定成本目标,编制成本计划，制定成本控制的方案，为今后的成本控制做好准备。而施工阶段的成本控制,由于成本盈亏已经基本定局,即使发生偏差,也来不及纠正。因此,把成本控制的重心放在基础、结构、装修等主要施工阶段上,是十分必要的。

(4)目标管理原则

目标管理是贯彻执行计划的一种方法，它把计划的方针、任务、目的和措施等逐一加以分解,提出进一步的具体要求,并分别落实到执行计划的部门、单位甚至个人。目标管理的内容包括:目标的设定和分解，目标的责任到位和执行，检查目标的执行结果,评价目标和修正目标,形成目标管理的P(计划)、D(实施)、C(检查)、A(处理)循环。

(5)节约原则

节约要从三方面入手：一是严格控制成本开支范围、费用开支标准和有关财务制度,对各项成本费用的支出进行限制和监督；二是提高施工项目的科学管理水平,优化施工方案,提高生产效率,节约人、财、物的消耗;三是采取预防成本失控的技术组织措施,制止可能发生的浪费。

(6)责、权、利相结合的原则

要使成本控制真正发挥及时有效的作用，必须严格按照经济责任制的要求;我公司贯彻了责、权、利相结合的原则。

2.施工项目成本控制的实施

(1)施工前期的成本控制

根据工程概况和招标文件，联系电力市场和竞争对手的情况,进行成本预测,提出投标决策意见;中标以后,根据项目的建设规模,组建与之相适应的项目部,同时以“标书”为依据确定项目的成本目标,并下达给项目部。

根据设计图纸和有关技术资料,对施工方法、施工顺序、作业组织形式、机械设备选型、技术组织措施等进行认真的研究分析,并运用成本控制原理,制定合理的施工方案。根据企业下达的成本目标,以分部、分项工程实物工程量为基础,联系劳动定额、材料消耗定额和技术组织措施的节约计划，在优化的施工方案的指导下,编制明细而具体的成本计划,并按照部门、施工队和班组的分工落实下去,为今后的成本控制做好准备。

(2)施工期间的成本控制

加强施工任务单和限额领料单的管理。特别要做好每一个分部、分项工程完成后的验收,以及实耗人工、实耗材料的数量核对,以保证施工任务单和限额领料单的结算资料绝对准确，为成本控制提供真实可靠的数据。

将施工任务单和限额领料单的结算资料与施工预算进行核对,计算分部、分项工程的成本差异,分析差异产生的原因,并采取有效的纠偏措施。做好月度成本原始资料的收集和整理,正确计算月度成本,分析月度预算成本与实际成本的差异。

在月度成本核算的基础上,实行责任成本核算。

经常检查对外经济合同的履约情况，为顺利施工提供物质保证。每月一次检查各责任部门和责任者的成本控制情况，检查成本控制责、权、利的落实情况。

(3)竣工验收阶段的成本控制

精心安排工程竣工扫尾工作；重视竣工验收工作，顺利交付使用；及时办理工程结算；工程保修期间，由项目经理指定保修工作的责任者，并责成保修责任者根据实际情况提出保修计划（包括费用计划），以此作为控制保修费用的依据。

(4)施工项目成本控制的组织和分工

施工项目的成本控制，不单是某个人的责任，而是所有项目管理人员的责任，为了保证项目成本控制工作的顺利进行，需要把所有参与建设的人员组织起来(包括临时工)，并按照各自的分工开展工作。建立以项目经理为核心的项目成本控制体系。建立项目成本管理责任制。实行对施工分包成本的控制。

3.施工项目成本控制方法

(1)一般的控制方法

以施工图预算控制成本支出。包括人工费、材料费、周转设备使用费、施工机械使用费、构件加工费和分包工程费的控制；以施工预算控制人力资源和物质资源的消耗，控制不可再生资源的消耗；建立资源消耗台账，实行资源消耗的中间控制；应用成本与进度同步跟踪的方法控制分部、分项工程成本；建立项目月度财务收支计划制度，以用款计划控制成本费用支出；加强质量管理，控制质量成本；坚持现场管理标准化，杜绝浪费漏洞；定期开展检查，防止项目成本盈亏异常；应用成本控制的财务方法–成本分析表法来控制项目成本。

(2)降低施工项目成本的途径和措施

认真会审图纸，积极提出修改意见，同时办理增减账；加强合同预算管理，增创工程预算收入，深入研究招标文件、合同内容，正确编制施工图预算；根据工程变更资料，及时办理增减账；制定先进的、经济合理的施工方案；落实技术组织措施，走技术与经济相结合的道路，以技术优势来取得经济效益；组织均衡施工，加快施工进度；材料成本在整个项目成本中的比重最大，一般可达70％左右，材料成本的节约，也是降低项目成本的关键；提高机械利用率；用好用活激励机制，调动职工增产节约的积极性。

二、电力工程项目成本控制

1.电力输煤系统施工项目成本控制的方法

(1)采用以施工图预算控制直接成本

在施工项目的成本控制中，可按施工图预算，实行“以收定支”，或者叫“量入为出”，是最有效的方法之一，具体的处理方法如下：

1)人工费的控制

人工费管理为现场施工人员的管理。因为工程项目采用了劳务协作队伍，人工费的控制主要指劳务分包队伍的使用管理。确定劳务分包队伍时，采取招投标的方法，选择施工能力强且报价合理的队伍。预算定额规定的人工费单价为19.5元，合同规定人工费补贴为3.72元/工日，两者相加，人工费的预算收入为23.22元/工日。在这种情况下，项目部与施工队签订劳务合同时，应该将人工费单价定在23元以下，但在实际情况下，人工工资远高于23元，但预算定额中人工工日定额含量较高，在这种情况下，针对每项合同，项目部采用包干的方式一次包死，控制人工费总价，并考虑用于定额外人工费和关键工序的奖励费。如此安排，人工费就不会超支，同时避免在具体实施过程中产生不必要的额外费用。

2)材料费的控制

在实行按“量价分离”方法计算工程造价的条件下，水泥、钢材、木材等“三材”的价格随行就市，实行高进高出；地方材料的预算价格=基准价×(1+材差系数)。在对材料成本进行控制的过程中，首先要以上述预算价格来控制地方材料的采购成本；至于材料消耗数量的控制，则应通过“限额领料单”去落实。在工序施工过程中，要尽量避免返工或其他施工原因造成的材料消耗增加，提高施工水平，减少材料浪费。自行采购的材料，采购前应进行市场调查，并建立材料采购审查制度，对采购方式、厂家选择、材料价格、材料质量、材料数量等多方面进行控制，实行层层监督，选用物美价廉的产品，从源头上防止材料成本过大。对需要采购的材料，事先列出名称、规格、型号、数量等具体要求，采购入库后，应及时将其单价与投标报价时的单价相对比，按月统计材料采购超支费用或盈余金额，以便对材料成本进行分析，把好材料成本控制的第一关。材料的购买、运输、存放及领用过程要有一定的流程安排，尽量减少材料转运次数，降低材料运输、保管费用。材料领用实行限额领料制度，月底对材料使用情况进行盘点，与月初计划相比较，超额领料及时查明原因。施工过程若有材料富余，应及时办理材料退库手续，避免材料浪费。

由于材料市场价格变动频繁，往往会发生预算价格与市场价格严重背离而使采购成本失去控制的情况。因此，项目材料管理人员有必要经常关注材料市场价格的变动；并积累系统翔实的市场信息。如遇材料价格大幅度上涨，同时争取甲方按实补贴。在钢材大幅上涨的情况下，必须要求甲方同意对钢材进行调差，例如本工程调整钢材价差313万元。

3)钢脚手管、钢模板等周转材料、设备使用费的控制

施工图预算中的周转材料、设备使用费=耗用数×市场价格，而实际发生的周转材料、设备使用费=使用数×企业内部的租赁单价或摊销率。由于两者的计量基础和计价方法各不相同，只能以周转设备预算收费的总量来控制实际发生的周转设备使用费的总量。

4)施工机械使用费的控制

施工图预算中的机械使用费=工程量×定额台班单价。由于现代施工工艺的不断改进，项目施工的特殊性，实际的机械利用率已超出预算定额的取定水平；因而使施工图预算的机械使用费往往大于实际发生的机械使用费，形成机械使用费节余，这样机械费节余的部分可以弥补人工费和材料费超支的部分。

在进行施工总体组织设计时，尽量利用已有的旧设备，在此基础上，再考虑哪些需要购置，哪些可以通过租赁解决。如果是某项特殊作业或短期使用，则考虑租赁设备对成本控制比较有利。建立施工机械严格的使用和保养制度，施工设备是否按施工计划处于高效的运行状态，并在保证施工的前提下，降低油料消耗和机械磨损，这些也直接影响到机械成本的控制。做好机械设备的维护是设备正常运转的保障；设备原值一定的情况下，如果能合理使用，做好平时的管理和维护，延长设备的使用寿命，能有效地降低成本，提高设备的效益指数。

设备的运行和维护与操作人员及维修人员的责任心有很大关系，设备保养好，台班产量高，空耗少，就能降低设备的维修次数，提高设备生产率，同时降低消耗材料费用。可以将维修人员与固定的设备及机上操作人员结成小组，定人定设备，对安全运行无故障、油料节约、修理费用少的小组实行奖励，并将其奖励与产量挂钩，促进其相互之间的合作，保证设备的安全运转，降低机械油耗、维修及替换设备的费用。当机修人员与操作人员利益一致，且都与产量挂钩时，他们必然会相互协作，做好设备的保养与维修，减少设备空转，提高台班产量，从而降低机械成本。对于需要安拆的大型设备，事先要做好施工设计方案，并进行技术经济分析，选择经济可行的方案实施，保证安拆的成功率，降低安拆成本。

5)构件加工费和分包工程费的控制

在市场经济体制下，钢门窗、木制成品、混凝土构件、金属构件和成型钢筋的加工，以及土方、吊装、安装、装饰和其他专项工程(如屋面防水等)的分包，都要通过经济合同来明确双方的权利和义务。在签订这些经济合同的时候，坚持“以施工图预算控制合同金额”的原则，绝不允许合同金额超过施工图预算。根据部分工程的历史资料综合测算，上述各种合同金额的总和约占全部工程造价的55%~70%。将构件加工和分包工程的合同金额控制在施工图预算以内，为实现预期的成本目标，奠定了基础。

(2)间接成本的管理与控制

间接成本的内容大多属于固定成本，支出不随工程量变化而变化，在保证工程按合同实施的前提下，控制好这部分费用开支也是工程项目成本中的重要内容。项目部采取如下措施控制间接费支出：提高项目管理人员素质，尽可能保持项目管理机构精干、高效，以控制管理人员数量、降低间接劳务总的工资性支出；精心筹划、合理组织施工设备、人员、物资的进退场，以尽可能节约进退

场的费用支出；对差旅费实行包干，减少额外费用;提倡勤俭节约和建立必要的制度,以控制运行和办公费用支出,提高财务管理和资金运作水平,减少财务费用支出等。

由于投标时合同价内包含间接费较少，不能满足日常项目支出的费用,在此情况下,项目部提出鼓励人员增加同业主标外项目的签证变更办理力度,用标外工程结算值中所含的间接费用弥补投标时的不足,同时调动管理人员的工作积极性,提高效率。通过此措施,项目部标外项目同甲方增加结算 1 950 万元,弥补间接费用 200 万元左右。

2.乌斯太电厂输煤工程成本控制的问题及解决方法

(1)存在的问题

在乌斯太电厂输煤工程成本管理上主要是运用了施工图控制成本支出的方法，但在成本控制的方法和手段上还存在问题。

1)从项目的组织上看没有建立目标责任成本控制系统

在此方面成本控制存在的问题有：首先是缺少拥有权力,承担责任的成本管理部门。现在项目部把成本核算与成本控制的主要任务委托给两个部门,即计划部门与财务部门。但是财务部门在实际工作中,更多做的是成本核算,有关成本控制方面主要是通过制度来被动地“卡”,以致当成本发生失控的时候,财务部往往不能承担失控的责任。事实上,成本是一项综合指标,它以货币形式表现,但不是纯财务问题,它涉及项目施工的每一个阶段,涉及技术、施工组织、核算、管理等项目多种活动的各个方面,因而,仅仅依靠财务部门并不能有效地解决成本控制；其次在成本控制上，缺少系统管理和对项目施工各个阶段成本支出的系统控制。如有的注意材料费用的节约,但不注意时间利用,有的想方设法使用新材料、新工艺以降低成本,但不注意材料库损耗、材料采购成本的降低等，这些事实充分表明了对成本控制缺少系统的研究。

2)技术经济脱节

在成本控制方面项目部目前大多数的做法是成本控制只由计划部门和财务部门控制，工程部门在采取施工方案时很少考虑经济效益；而经济部门的做法往往是靠指标和考核进行成本控制，而不考虑在施工过程中有哪些方案可以降低成本，这样造成施工组织设计不合理、机械配置不合理等现象,造成劳务费、管理费以及材料费等的损失。这说明搞技术的人不懂经济,搞经济的人不懂技术,二者不能很好地结合,技术经济分析开展得不够。

(2)解决的途径和方法

要解决以上问题,一是要运用成本控制管理手段和方法,二是要建立一套项目成本管理的保证体系。

针对技术与经济相脱节、施工机械与施工设备配置不合理、施工方案没有技术经济比较的现象,运用成本控制的原理和方法进行了一些尝试。发现在施工项目中应用成本控制,有利于质量、成本、进度三个目标管理的实现。工期长、浪费大、质量差、造价高一直是困扰电力工程项目的问题。传统的成本管理只单纯强调降低成本,而质量、进度管理一味强调的是提高质量、加快进度。而运用成本控制的方法可以弥补以上不足。

在电力施工项目中推广应用成本控制管理,有利于推进施工企业技术进步,提高企业整体素质,促使施工企业不断采用新结构、新材料、新工艺和新技术,通过采用先进的施工方法和技术组织措施,促进企业改善生产条件,提高企业技术水平。

工程设计进行成本控制分析发现并消除工程设计中的不必要的功能,达到降低成本、降低投资的目的。成本控制的运用也需要一个完整的目标方针体系、成本控制体系和信息流通体系来支持。成本管理是一个系统的过程,在控制中涉及各个方面,受各种因素的影响。在管理过程中只有建立起行之有效的各种管理体系,才能实现成本目标的优化,才能有效科学地运用各种管理手段和方法，有助于企业整体经营效益的提高。

三、结论与展望

1.结论

电力施工企业在行业垄断下，形成自身一套管理模式,随着电力建设市场的“开放”,竞争愈来愈激烈,企业要想在成熟的市场环境中生存,必须更新观念,改革管理机制。电力工程项目是施工企业的成本中心,是施工企业成本管理的立足点和着手点,加强成本管理是电力施工企业积累资金、增强竞争力的必然选择。电力施工项目成本是指在施工项目上发生的全部费用的总和,包括直接成本和间接成本。其中,直接成本包括人工费、材料费、机械费和其他直接费;间接成本是指在施工现场(项目部)发生的现场管理费和临时设施费。由于电力施工项目周期较长,中间收入的确认和中间成本的计量较为复杂,加之招投标期和交付使用后发生费用的不确定性,将成本和收入、现金流量、效益分离的成本管理,已不再适应建筑施工企业管理的现实需要。随着工程项目管理的不断发展,传统的项目成本管理方法中一些好的做法正在逐渐被市场经济的洪流所冲刷,新的有效的工程项目成本管理方法一时未能形成或有效到位,从而导致工程项目成本管理中存在的不足日益明显,值得我们认真地研究和探讨。

2.展望

电力工程项目在行业垄断下,形成自身一套管理模式,随着电力建设市场的"开放",竞争愈来愈激烈,企业要想在成熟的市场环境中生存,必须更新观念,改革管理机制。随着工程项目管理的不断发展,传统的项目成本管理方法中一些行之有效的做法正在逐渐被市场经济的洪流所冲击,新的有效的工程项目成本管理方法一时未能形成或有效到位,从而导致工程项目成本管理中存在的不足日益明显,值得我们认真地研究和探讨。

现代项目管理的发展方向是集成计划,集成计划必须全面考虑项目确定性条件和不确定性条件与环境以及项目全过程、全要素和全团队的集成。项目全要素集成计划和控制应该努力实现项目范围、时间(进度)、成本、质量、资源等各个要素的集成计划和控制。因此,在项目成本管理发展方向上,必须考虑其他要素的影响;这样才能努力实现对于项目各方面的科学配置。

中国企业拉丁美洲遇新机

由中国社会科学院拉丁美洲研究所主办的"2008-2009年拉丁美洲和加勒比发展论坛暨2009年拉美黄皮书发布会"3月2日在北京举行,会议对外发布了《拉丁美洲和加勒比发展报告(2008-2009)》。黄皮书指出,2008年中国和拉丁美洲、加勒比地区(以下简称"拉丁美洲")关系发展进入"全面合作伙伴关系"的新阶段,作为中拉关系重点领域的经济贸易合作必将进一步扩大和深化。对中国企业界而言,拉丁美洲是实现"走出去"战略的新机遇。

黄皮书指出,2008年中拉关系有两件大事值得重视。第一,中国政府于2008年11月5日发表《中国对拉丁美洲和加勒比政策文件》。第二,胡锦涛主席于2008年11月中下旬对哥斯达黎加、古巴和秘鲁进行国事访问,并在秘鲁国会发表《共同构筑新时期中拉全面合作伙伴关系》的重要演讲。这两件大事共同传递出一个重要信息:中拉关系发展进入"全面合作伙伴关系"的新阶段。

目前,中国政府提出与拉美国家构筑平等互利、共同发展的全面合作伙伴关系,开展更高层次、更宽领域、更高水平的合作,反映了拉美国家的共同期待。首先,中国已成为拉美在全球的第三大贸易伙伴,在亚洲的第一大贸易伙伴,拉美国家期待加强与中国合作,看重中国的巨大市场。其次,拉美国家期待加强与中国合作,认为中国是一个新兴的对外投资国。最后,拉美国家愿意加强与中国合作,视中国为"亚洲工厂"的核心。

面对拉丁美洲的发展机遇,黄皮书指出,中国企业要注意以下四个方面:第一,从战略高度重视对拉美市场的开拓,坚持充分利用"两个市场,两种资源"这一项长远战略方针。第二,着力优化贸易结构,增加技术含量较高的机电产品出口,相应减少纺织、服装、鞋类、玩具等劳动密集型传统产业产品的输出。第三,关键性步骤是扩大对拉美的直接投资。第四,在当前国际金融危机肆虐的严峻形势下,中国的企业家更需要发扬奋力开拓的精神,要主动寻找商机,立足长远发展。(王佐)

项目财务委派制
推进财务管理职能前移

张荣虎

(北京住总集团，北京 100026)

《北京住总集团有限责任公司工程总承包部财务主管委派办法》正式发布实施两年多来，负责工程项目核算管理的财务人员被一一委派到各项目经理部现场工作。通过在项目经理部的摸爬滚打，使财务核算管理从简单的事后记账算账，逐渐深入到了事前的计划管理到合同管理和事中业务流程管理。使“以财务管理为中心”的管理理念得到了进一步落实，财务部门的服务和监督职能得到了更好的发挥。

第一，组织参与项目部财务计划和资金使用计划的编制

根据年度财务计划编制和工程总承包预算管理要求，结合工程项目生产经营任务和相关财务标准，现场组织相关业务人员共同参与项目部年度财务计划和现场管理经费预算编制，使财务计划和现场经费预算更趋合理、更可执行，有利于指导项目部的日常生产经营行为。项目部的资金支付实行严格的计划管理，计划编制工作是在债务排查的基础上，摸清各二级合同的履约进度，由项目经理、商务经理、财务主管根据工程款回收情况共同编制完成的，极大地提高了项目部资金使用的透明度，起到了民主监督的作用，充分发挥了有限资金的最大使用效率，通过债务支付透明安排，一定程度上避免了债务风险并保证了成本的真实。同时，结合二级合同台账管理，杜绝了超付错付情况的发生，充分掌握资金的轨迹走向，便于发现问题，有效地控制了项目部的财务风险。

第二，参与合同签订，加强过程监控

根据各项目部二级合同管理现状，总部出台制度规定从2007年开始，项目财务主管参与二级合同签订，并通过会签单审核签字。项目财务主管参与合同签订和会签，能够对合同标的及相关内容进行审核，对单价、数量、付款方式等合同条款提出自己的看法，可有效降低财务风险。同时从源头上掌握了各成本项目的发生情况，可降低项目的经营风险，并为项目财务主管进行工程项目成本核算掌握了第一手资料。

第三，参与工程物资监控管理，为三级账核算进行业务指导

施工企业中材料成本占总成本的70%左右，是项目部成本控制的重中之重。材料成本控制的好坏直接关系到项目经营的盈亏，加强对工程材料的管控尤为重要。项目财务主管到现场办公，提供了参与对材料采购和材料收发存过程管控以及三级账核算管理的条件，总部资产财务部明确要求项目财务主管要定期抽查材料收发存库情况，并要加强与材料组的直接沟通和三级账明细核算的业务指导，这就参与到了对材料收、发、存的各个业务环节中，起到了服务和监督的双重作用。

第四，加强在施工程的成本项目控制

未完施工是施工过程中其成本已经发生，但没有得到甲方和监理签认且收入没有得到补偿的洽商变更及暂估项目等，财务核算时需要将这部分成本作为当期存货而不结转到当期经营成本中去，待收入得到确认后才将这部分成本结转到当期成本中去。在现场办公能做到及时了解其形成的原因和具体项目内容，通过与经营及生产等业务部门确认，并出具相应明细资料经相关人员签认后对确实发生的这部分施工成本按未完施工进行账务处理，同时建立未完施工台账，对未完施工的核算做到有根有据，确保后期得到有效签认、收入得以实现。

第五，现场参与固定资产、低值易耗品等资产的管理

作为资产财务部的一员被派任项目部财务主管，对项目部的资产管理是其责任之一。通过随时了解项目部各项资产的布局及使用情况，并定期进行固定资产和低值易耗品的盘点清查，保证了资产的安全完整。对固定资产、低值易耗品的购置和处置严格执行《北京住总集团公司工程总承包部固定资产管理办法》，严格审批流程，对未经过采购申请、报废审批的固定资产、低值易耗品拒绝签字和付款。在项目部建立健全了固定资产、低值易耗品辅助台账，详细、准确地记载了其发生、增减、存放、使用状况等信息。

第六，严格控制现场经费，努力降低管理成本

根据项目部年度施工规模和生产任务，制定切实可行的年度现场管理经费预算，过程中严格执行预算，使现场经费得到了有效控制。费用核销过程中对各种费用的报销手续及相关票据进行严格审核，由于在现场办公能基本了解发生的各业务事项，对业务不真实、手续不完善、费用超标准的报销业务严格审核，不符合报销条件的一律拒绝报销，使项目管理成本得到了一定的控制。

第七，努力做好项目的第三次经营，积极参与内外部工程结算

工程结算是工程施工企业项目经营的最后一个环节，对项目经营的盈亏同样起着至关重要的作用。因此，总部要求各工程项目在与甲方进行工程结算前必须首先做好内部结算，确定各二级合同结算完成，各成本项目和债务真实完整，做到对建设单位报出的结算和在结算谈判过程中心中有数。通过现场办公，对各业务项目特别是成本事项具有直接的接触了解，能够保证成本项目不漏项，再通过与业务部门的有效沟通，及时与各分包商、租赁商、供应商对账和结算，确保了成本的真实完整，对项目部的第三次经营提供了有效的财务保障。

第八，参加项目经营成本分析，及时提出管理建议

定期参加项目经营成本分析会是项目财务主管的工作内容之一，是财务管理在项目经营管理中的重要体现。翠城项目部成本分析会每月定期在项目经理的组织下召开，针对工程项目当期及近一阶段生产经营情况、成本管控情况进行交底分析。会上经营、财务、材料、生产、预算各业务口对各成本项目的量、价、金额等成本数据一一进行对比，找出各成本项目的盈亏根源，分析出盈在哪里，亏在哪里，好的做法加以肯定，不好的提出改进意见并限期整改。对间接费、其他直接费、管理费等按费用项目一一明细列示，向与会人员进行交底。项目财务主管在此发挥了项目经理的“助手”作用，通过及时的、真实可靠的财务数据，为项目经营管理和经营决策提供了有力的数据信息。

第九，委派项目财务主管，保证了项目部各种财务资料的完成归集

及时收集项目部的各类经济活动资料，保障了财务核算资料的及时完整，为项目财务核算提供了资料保证，保证了项目财务核算的如期进行，为按时编报财务报表及财务分析提供了保证。原始凭证、会计凭证、统计报表、工资资料、明细账、财务报表等原始资料及时归集、装订成册，保证了财务档案的安全完整。

项目财务是项目经理部不可缺少的重要业务部门之一，《住总集团关于进一步加强工程项目管理和维护安全生产稳定工作的若干规定》明确规定，“坚持以财务管理为中心，全面推行项目经理部财务负责人委派制，必须参加项目经营决策，加强对工程项目总体经营、成本核算情况的监督管控。落实财务两级核算、两级管理、独立工程项目独立核算制度，加强财务风险控制”。若干规定进一步明确了财务管理在工程项目经营管理中的地位、作用以及责任。随着项目财务委派制的不断完善和项目财务人员综合财务管理水平的不断提升，项目财务管理将在项目经营管理过程中发挥更加重要的作用。

装饰施工企业项目成本控制研究

刘宏洲

(深圳海外装饰工程有限公司, 广东 深圳 518031)

随着目前国内装饰施工市场竞争的加剧，项目成本控制问题尤显突出。依据科学发展观的发展是第一要义,核心是以人为本,基本要求是全面协调可持续,根本方法是统筹兼顾的原则,本文对装饰施工企业项目成本控制作了一些探讨和研究,并提出了一些控制程序和办法。

一、项目成本的组成

传统意义理解项目成本分为直接成本和间接成本,直接成本由人、机、料组成，间接成本可理解为现场管理费及规费。但实际操作中成本必须包括税金、公司管理费、中介费、总包服务费等,扣除一切成本后的余额才是利润。成本的分析可依据表1进行。

二、项目成本控制总论

企业要想长期赢利，则必须可持续发展。一定要正确处理利润和质量、效益和工期的关系。利润增长,成本降低并不简单地等同于发展,如果单纯追求利润,不重视质量及协调发展，不重视安全及以人为本,就会出现利润增长失调、市场萎缩、管理人员及施工队伍匮乏,从而最终制约发展的局面(表2)。

装饰项目有其区别于土建的特点：一是项目体量小,工期短。年平均下来装饰项目合同额约500万元左右，而工期通常在4个月左右。二是工程承揽周期、工程结算周期,与土建周期相当,分别都在一年半左右。即通常所说的两年揽活,半年干活,两年结算的尴尬境地。三是装饰设计投标成本大,动则几十万元,不同于土建。四是装饰企业人员流动性大。正是由于装饰工程的以上特点,项目成本控制就成为一个系统工程。不仅针对合同价要有成本降低带来的赢利，更要关注一方

项目成本分析(执行/预控)汇总表　　表1

工程名称：　　日期：　年　月　日

序号	项　目	数量	单位	费用(元)	占造价比例
一	直接费用=∑(A~D)				
A	人工费=∑(1~8)				
1	木工				
2	乳胶漆				
3	瓦工				
4	杂工				
5	给水排水				
6	电气				
7	消防				
8	空调				
B	材料费=∑(9~14)				
9	装饰				
10	电气				
11	给水排水				
12	消防				
13	空调				
14	智能				
C	机械设备费				
D	特别项(含专业分包项目)				
二	现场管理经费(详见表2)				
三	税金及公司管理费				
E	税金=五× %				
F	公司管理费=五× %				
四	成本合计=∑(一~三)				
五	合同造价=∑(G~H)				
G	原合同价格				
H	增加项目价格				
六	利润=五−四				

间接费(执行/预控)明细表

表 2

工程名称： 日期： 年 月 日 单位：元

序号	项 目	数量	单位	单价	计划费用	备 注
1	管理人员工资					
	计划施工工期		月			
	计划维修		月			
	节日补助		人			
	小计					
2	办公费					
	办公用品		项			复印纸、墨盒等
	图纸复印		项			竣工图、大图纸复印
	设备购置及维修		项			对讲机、电脑
	饮用水费		项			
	通信费(固话)		月			
	软件配置费		项			预算软件
	小计					
3	差旅交通费					
	外地管理人员差旅费		人			
	市内交通费		项			
	汽油费、停车费		月			
	小计					
4	劳动保险费					
	意外工伤费		项			
	现场应急药品费		项			
	工装购置费		项			
	出入证办理费		人			
	管理人员伙食费		月			
	小计					
5	临时设施费					
	临时电设备		项			
	灭火器购置		个			
	其他消防设备		项			
	临时围护设施		项			
	集装箱租赁费		月			
	钢管、龙门架租赁费		月			
	房租		月			
	小计					
6	业务招待费					
	业务招待费		月			
	其他招待费		项			
	小计					
7	规费					
	工程定额测定费		项			
	社会保险费		项			
	工程排污费		项			
	材料检验费		项			
	小计					
8	其他间接费					
9	间接费合计					

经营市场及一方业主的培育和可持续，也要确保结算工作的顺利进行，同时也须密切关注工程断档期时员工队伍的稳定程度。只有在统筹兼顾的前提下，装饰企业的成本控制措施方能长期有效。

故科学的项目成本控制必须从《项目策划》开始,《项目策划》针对每个项目具体各不相同,但都必须详细规划各项目的项目交底、项目组织架构、项目经理部人员岗位职责、工地考勤制度、工地会议制度等。然后才是各个项目都必须严格统一执行的《项目成本制度》、《物资采购程序》、《分包签订及付款程序》、《劳务管理程序》及《项目结算制度》等。

项目交底必须包括:合同交底、施组交底、设计交底、赢利策略交底,优秀的交底对项目总体成功起到了事半功倍的效果；项目组织架构的合理搭配则确保了领导项目的核心，亦是项目层次控制成本的第一步骤;之后占项目直接成本近百分之九十的材料采购控制就成了成本控制的重中之重。

三、项目物资采购控制

本文以相对独立运营的事业部为例针对材料采购作详细阐述。此事业部必须有合约商务部、物资部、财务部等常设机构，项目部作为事业部临时机构,项目结束即撤销。

(一) 物资采购程序(表3)

1. 事业部物资部负责监督和管理事业部各项目部的材料采购工作。各项目部材料员由事业部物资部派出。

2.各项目部的大宗材料及贵重材料的采购工作，由事业部物资部进行统一管理。事业部物资部可自行采购该类材料后提供给各项目部使用,或在各项目部的配合下,主导各项目部进行采购。除非得到事业部物资部委托，否则项目经理部不得自行采购。地材、辅材等材料可由事业部物资部委托项目部采购。

3.大宗、贵重材料的界定在项目开工时进行。大宗、贵重材料的采购单价必须经事业部经理签字认可。

4. 项目部收到事业部经理审批的启动资金后，需根据项目资金管理办法的规定,制定《启动资金使用计划表》,交由项目总指挥审批后,按照事业部合约商务部下发的《暂定价材及主材价格控制表(预控)》进行材料采购。

5.项目经理部应在进场后15d内,复核施工现场、深化及完备图纸后,组织各工长准确计算,编制详细的《项目成本分析汇总表》(包括《间接费明细表》、《工料分析表》及《材料总需求计划表》),确定采购需求,报送事业部合约商务部。

6.事业部合约商务部在收到项目部报送的《项目成本分析汇总表》及其附表后,应在3d内根据项目成本分析制度的要求进行审核调整，经事业部经

物资采购流程　　表3

部门	事业部			
层次	1			
责任	事业部经理	合约商务部	事业部物资部	项目部
节点	A	B	C	E

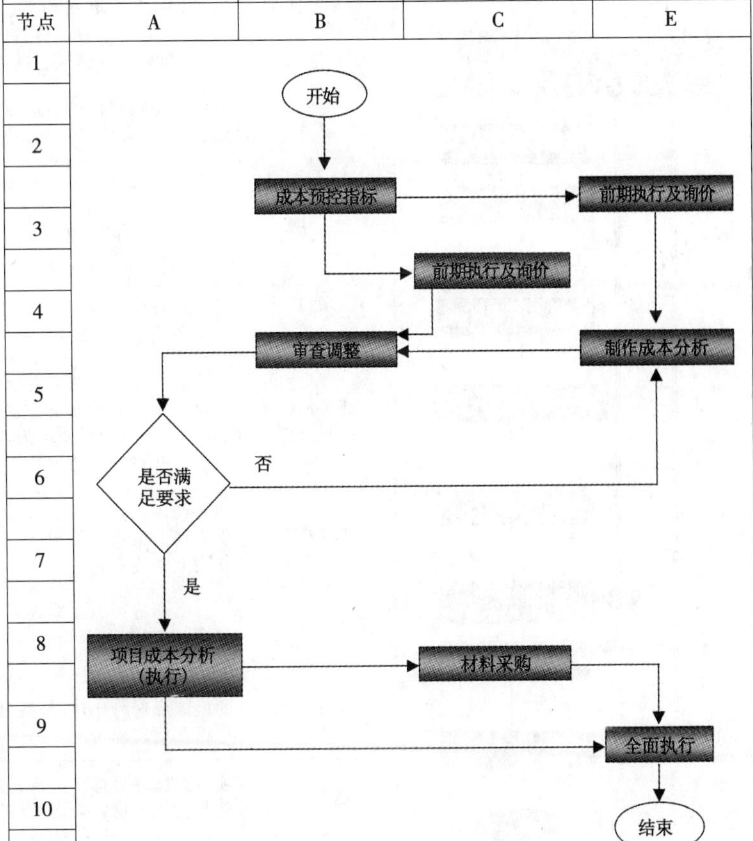

理审批后，制定《项目成本分析汇总表(执行)》(包括《间接费明细表(执行)》、《工料分析表(执行)》及《材料总需求计划表(执行)》和《暂定价材及主材价格控制表(执行)》)，及时发回项目部严格执行。

7.事业部物资部及项目经理部根据《材料合同签订程序》的要求进行采购。

8.采购前，专业工长必须提前填写《材料采购申请表》，由项目经理审批后交由材料员执行。

(二)材料合同签订与付款程序(表4~表6)

1.采购合同要求

1.1. 大宗材料及主要材料的采购合同由事业部物资部负责签订，地材、辅材等物资部委托的材料合同由项目部负责签订。但所有的采购合同必须经项目经理签字，采购合同的变更必须经项目经理签字同意。

1.2.无论事业部物资部或项目部，签订材料合同必须根据《材料合同签订程序》的要求进行。

1.3.采购合同必须明确标明材料物资的名称、规格型号、单价、计量单位和数量；规定材料物资的质量、环境、职业安全健康技术标准、花色要求、质量等级、包装要求、交货时间、交货地点、交货方式、验收方法、结算方式及违约处理等，必要时还应注明适用

材料合同签订流程 **表4**

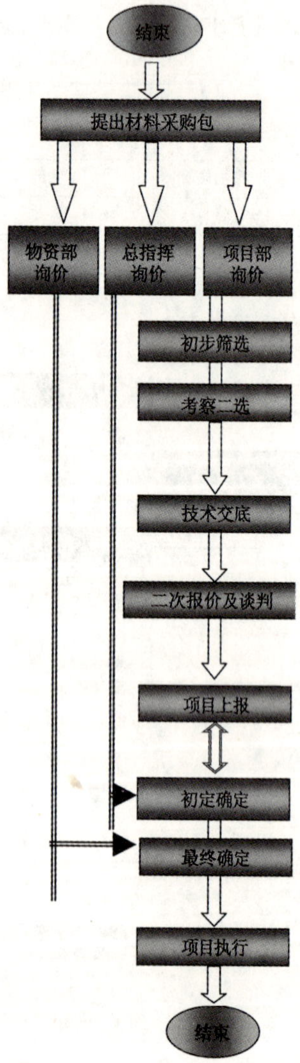

工作流程	负责人(部门)	工作内容及注意事项	工作时限
结束 提出材料采购包	项目部	甲方或项目部提出需要进行采购的材料包的内容、技术要求、数量等(按木材夹板、轻钢龙骨石膏板、墙地砖、石材、布艺窗帘软包、地毯、木门、家具、木地板、油漆、五金辅料、油漆辅料、开关插座、灯具、水电管线、人造石洗手台面、淋浴房等大类别进行分类，提出整个工程的用量组成采购包。供应实行分批供应)	
物资部询价 总指挥询价 项目部询价	物资部 项目部 项目总指挥	项目部把采购包的内容、技术要求、数量上报物资部、项目总指挥，与项目部材料员同时开展寻找供应商并询价。并针对每一种材料填写《材料采购询价对比表》	
初步筛选	材料 经理	根据材料员提供的供应商资料及报价、供货力量、过往业绩、推荐人评价等因素，初步筛选出3~5家	
考察二选	项目 经理	项目经理和材料经理一起，根据实际需要会同施工经理或专业工长，考察供应商的材料质量、供货能力及公司规模、垫款能力等，据考察认定情况再次筛选出3家以上符合要求的供应商	
技术交底	项目 总工	施工经理配合，对合格供应商到现场交底，明确本项目的技术要求、供货期、质量要求	
二次报价及谈判	商务经理 材料经理	在明确合同条件及双方配合事项、统一质量和技术要求及付款方式的情况下，以满足《暂定价材及主材价格控制表(执行)》的价格要求为前提进行谈判，要求各家报出最低价。并将谈判结果及选择最优采购方案上报项目经理	
项目上报	项目经理	项目经理结合考察及谈判结果，确定性价比最高的一家供应商上报项目总指挥，上报格式用《材料合同评审表》，并附上相关资料	
初定确定	项目总指挥	把自己询价与项目部选送报价进行比对，选出初定的分包商，上报事业部经理，并附上相关资料	
最终确定	事业部经理	事业部经理根据项目总指挥上报的供应商与物资部选送的供应商进行比对，最终确定供应商。签字返回给项目总指挥及项目部	
项目执行 结束	项目部	项目总指挥根据事业部经理返回意见，安排项目部签订并落实执行材料合同的细节	

材料采购寻价对比表 表5

工程名称：

序号	材料名称	规格及型号(品牌)	单位	数量	单价	供应商电话	厂家电话及地址	备注

编制： 日期：

材料采购申请表 表6

工程名称：******** 工程 施工班组：

序号	材料名称	单位	数量	规格型号等级质量要求	时间要求

申请人： 仓管员： 专业工程师： 项目经理：

备注：1、本表填写一式两份，工长留底一份自查，材料员一份采购。2、材料员必须待仓管员核实库存量并签字后方可购买。

的加工图纸。

1.4.合同界线：

1.4.1. 项目造价在300万元内：采购材料金额0.5万元以上，必须签订采购合同。

1.4.2.项目造价在1 000万元内：采购材料金额1万元以上，必须签订采购合同。

1.4.3.项目造价在1 000万元以上：采购材料金额3万元以上，必须签订采购合同。

2.供应商评价与管理

2.1.按照《供应商评定表》中的内容对供应商进行评定，评定合格的供应商，报送事业部材料物资部备案。

2.2. 凡通过ISO9000、ISO14000系统认证或省部级行政主管部门及计划单列市推荐的供应商可不进行

材料合同评审表 表 7

项目名称：

<table>
<tr><td>合同名称</td><td colspan="2"></td><td>供应单位</td><td colspan="2"></td></tr>
<tr><td>合同金额</td><td colspan="2"></td><td>合同工期</td><td colspan="2"></td></tr>
<tr><td>联系人</td><td></td><td>移动电话</td><td></td><td>座机</td><td></td></tr>
<tr><td rowspan="9">合同主要内容</td><td colspan="5">材料名称：</td></tr>
<tr><td colspan="5">品　牌：</td></tr>
<tr><td colspan="5">规格型号：</td></tr>
<tr><td colspan="5">数　量：</td></tr>
<tr><td colspan="5">单　价：</td></tr>
<tr><td colspan="5">材　质：</td></tr>
<tr><td colspan="5">保 修 期：</td></tr>
<tr><td colspan="5">施工范围：</td></tr>
<tr><td colspan="5">其他事项：</td></tr>
<tr><td>付款方式</td><td colspan="5"></td></tr>
<tr><td>签订日期</td><td colspan="5"></td></tr>
<tr><td rowspan="5">项目部
评审意见</td><td colspan="5">(对供应商单价、材料质量、供应速度进行评审)
材料经理：</td></tr>
<tr><td colspan="5">(对供应商的材料参数、技术参数等进行评审)
项目总工：</td></tr>
<tr><td colspan="5">(结合成本对材料价格进行评审)
商务经理：</td></tr>
<tr><td colspan="5">(综合评审)
项目经理：</td></tr>
<tr><td colspan="5">(综合评审)
项目总指挥：</td></tr>
<tr><td rowspan="3">事业部部门
评审意见</td><td colspan="5">物资部经理：</td></tr>
<tr><td colspan="5">合约商务部经理：</td></tr>
<tr><td colspan="5">事业部经理：</td></tr>
</table>

备注：1.项目部所有合同必须经过以上各方审批。

2.材料合同经过项目部相关人员评审签字后上交事业部。

3.所有合同及合同评审表均须交合约商务部备份。

评定而直接使用,相关资料须报事业部物资部备案。

2.3.公司提供的合格的供应商编入《合格供应商清单》。

2.4.事业部针对已完项目的材料供应商进行选择,对材料单价,资料比较好的供应商编入材料库,补充为《合格供应商清单》。

2.5.每年年终由事业部物资部对供应商进行一次年度评审,评审为不合格的供应商应从《合格供应商清单》中删除,经物资部经理批准后发布最新的《合格供应商清单》。年度评审的内容包括:

2.5.1.供应物资的质量状况;

2.5.2.供应商的履约情况(重点是对工期的影响);

2.5.3.供应物资的使用效果;

2.5.4.服务质量及供货能力;

2.5.5.是否按公司要求改进环境、职业安全健康管理状况;

2.5.6.材料价格及材料品牌在项目所在地使用情况(表 7)。

3.材料款支付程序(表 8、表 9)

3.1.所有材料款的支付必须由项目部提出,并通过审批后方可支付。

3.2.材料款支付必须按《材料款支付审批流程》及《材料合同付款审批表》执行。

3.3.采购报销与结算。

3.3.1.项目财务及仓管人员需根据供货方提供对账的送货单与采购环节的材料入库单(由仓管软件生成)以及自留送货方给予的送货单,三单同时核对,缺一不可。在审核无误后,收回送货方提供对账的送货单。再根据材料费用报账程序,逐级上报报账。

3.3.2.结账时必须收回供货方提供的送货单,此是关键,对账中要以材料入库单为主,无材料入库单概不对账及支付,若存在入库单上有仓管员、采购员、施工员三方签字不全的,不予结账。

3.3.3.材料费报销时,供应商除预付款外必须提供发票。

(三)限额领料工作程序(表10)

1.签订《项目施工任务单》(表 11)

1.1.在展开施工前,专业工长应对整体项目进行合理的部位划分,并对所划分的部位逐一进行工料分析,制订工料分析表。所划分的施工部位应该清晰而具体,方便核算。

1.2.在展开施工前,专业工长应根据班组的人员情况,按照《施工进度计划表》的要求,制订《项目施工任务单》(下简称任务单),标明施工部位、总工程量、工期要求、质量要求。

1.3.收到任务单后,施工班组应根据现场情况和施工图纸、施工技术交底等要求,填写任务单内的材料用量,并根据实际情况,对专业工长提出的工期要求进行确认后返回给专业工长。

2.审核材料总需求量

2.1.专业工长根据《工料分析表(执行)》对施工班组所提出的材料用量进行审核(表 12)。

2.2.如果发生设计变更、工艺调整等导致材料用量的正常增减,专业工长应及时对原来计划材料用量进行调整补充。

2.3.经过专业工长和施工班组双方签字认可的《项目施工任务单》原件由专业工长保管,同时应复印分发施工班组和仓管员,作为材料领用和出库的基本依据。

3.材料限额领用的实施

3.1.仓管员应按照任务单内的材料总需求量,填写材料出库单(可分批发放),但总领用量不得超过任务单上的总量。

3.2.施工班组有义务也有责任合理地节约使用施工材料。

3.3.施工班组应对出库材料进行妥善保管,当天没用完的材料应及时回库(各班组的小仓库)。

3.4.如由正常调整而导致的材料用量变化,如设计变更、工艺调整等,施工班组应及时提醒专业工长进行合理调整。

3.5.若非正常原因(除设计变更或其他项目部指令外),如材料浪费、材料保管不善、失窃等原因导致实际材料用量超出任务单中的数量,则施工班组应对超出部分的材料按价赔偿。

3.6.专业工长应每周定期检查材料的使用情况,所领用的材料与所完成的工程量(加上已经领用但尚未使用的材料量)是否吻合,如果不吻合,则

材料款支付审批流程　　　　表8

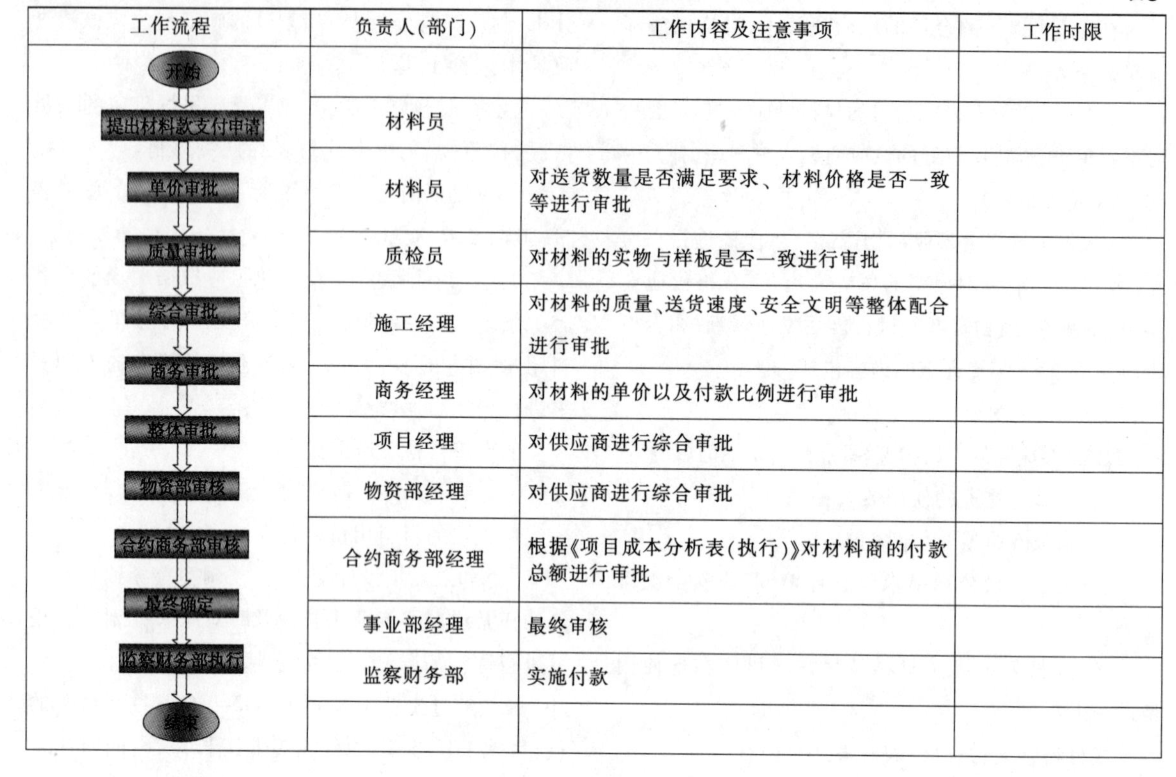

工作流程	负责人(部门)	工作内容及注意事项	工作时限
开始			
提出材料款支付申请	材料员		
单价审批	材料员	对送货数量是否满足要求、材料价格是否一致等进行审批	
质量审批	质检员	对材料的实物与样板是否一致进行审批	
综合审批	施工经理	对材料的质量、送货速度、安全文明等整体配合进行审批	
商务审批	商务经理	对材料的单价以及付款比例进行审批	
整体审批	项目经理	对供应商进行综合审批	
物资部审核	物资部经理	对供应商进行综合审批	
合约商务部审核	合约商务部经理	根据《项目成本分析表(执行)》对材料商的付款总额进行审批	
最终确定	事业部经理	最终审核	
监察财务部执行	监察财务部	实施付款	
结束			

材料合同付款审批表　　　　表9

项目名称：　　　　　　　　　　编号：

合同名称		供应商	
合同金额		付款方式	□现金　□支票　□银行卡
本次付款			□合同相关条件　□有效税务发票 □我方入库单　□其他
项目部审批意见	(对供应商的送货数量是否满足要求、材料价格是否一致等进行评审) 材料员：		
	(对材料的实物与样板是否一致进行评审) 质检员：		
	(对材料质量、送货速度、安全文明等整体配合进行评审) 施工经理：		
	(对材料单价及付款比例进行评审) 本次支付后累计付款　　本次支付后余款 商务经理：		
	(综合评审) 项目经理：		
	(综合评审) 项目总指挥：		
事业部部门审批意见	物资部经理：		
	合约商务部经理：		
	事业部经理：		

备注:1.所有材料合同必须经过以上各方审批。

2.材料付款申请经过项目部相关人员审批签字后上交事业部。

限额领料流程 表10

工作流程	负责人(部门)	工作内容及注意事项	工作时限
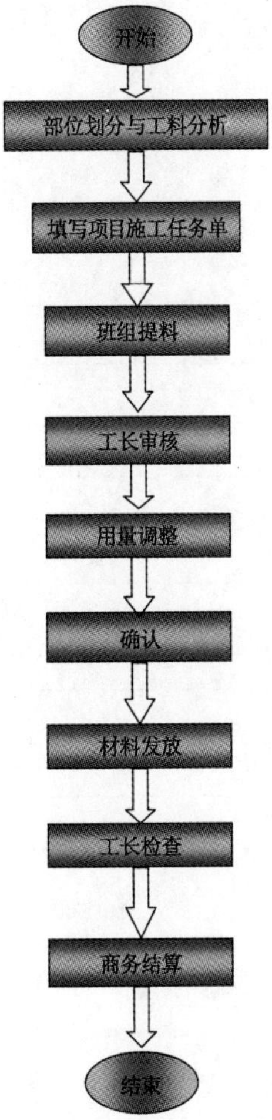			
开始 → 部位划分与工料分析	专业工长	展开施工前，专业工长应对整体项目进行合理的部位划分，并对所划分的部位逐一进行工料分析，编制工料分析表(所划分的施工部位应该清晰而具体，方便核算。可结合成本分析表)	
填写项目施工任务单	专业工长	展开施工前，专业工长应根据班组的人员情况，按照《施工进度计划表》的要求，制订《项目施工任务单》(下简称任务单，标明施工部位、总工程量、工期要求、质量要求)	
班组提料	施工班组	收到任务单后，施工班组应根据现场情况和施工图纸、施工技术交底等要求，填写任务单内的材料用量，并根据实际情况，对专业工长提出的工期要求进行确认后返回给专业工长	
工长审核	专业工长	专业工长根据工料分析表对施工班组所提出的材料用量进行审核	
用量调整	专业工长	如果发生设计变更、工艺调整等导致材料用量的正常增减，专业工长应及时对原材料用量进行调整补充	
确认	专业工长 施工班组	经过专业工长和施工班组双方签字认可的《项目施工任务单》原件由专业工长保管，同时应复印分发施工班组和仓管员，作为材料领用和出库的基本依据	
材料发放	仓管员	仓管员应按照任务单内的材料总需求量，填写材料出库单(可分批发放，但总领用量不得超过任务单上的总量)	
工长检查	专业工长	专业工长应每周定期检查材料的使用情况，所领用的材料与所完成的工程量(加上已经领用但尚未使用的材料量)是否吻合(如果不吻合，则要查清原因上报项目经理，并配合项目经理实施处理措施)	
商务结算 → 结束	商务经理	专业工长每月应将检查结果上报项目经理和商务组，作为施工班组人工费的支付依据之一，否则商务经理可不予支付	

要查清原因上报项目经理，并配合项目经理实施处理措施。

3.7.专业工长应每月将检查结果上报项目经理和商务组，作为施工班组人工费的支付依据之一，否则项目部商务经理可不予审批。

(四)剩余物资管理规定

1.剩余物资定义：

1.1.各个项目施工完毕并通过验收后，所剩余的各种施工材料；

1.2.办公用品和办公设备(如电脑、打印机、复印机、办公桌椅等)；

1.3.大型或贵重生活用品(如空调、冰箱、床铺等)；

1.4.其他规定的物资。

2.所有剩余物资必须进行归类、整理和登记，并估算其价值。该部分物资的价值作为项目成本的组成部分，其登记表应在项目经理审核签字后于竣工验收后15d内上报合约商务部。

3.所有剩余物资的继续使用(如维修材料及维修工作必须的相关设备)必须报事业部经理审批。

项目施工任务单 表11

项目名称： 编号：

工种	木工		班组负责人	
施工部位				
施工内容				
施工要求				
注意事项	高空作业必须佩戴安全带			
材料用量				
序号	材料名称	数量	单位	备注
1				
2				
3				
4				
5				
6				
7				

注：1.施工班组需要准确计算完成本部分所需的材料总需求量。

2.专业工长需要对施工班组提出的材料总需求量进行审核。

3.审核后的材料总需求量经施工班组签字后，复印给仓管员作为材料领用的依据。

施工班组签字： 专业工长审核：

限额领料情况检查表 表12

计划进度	20%	40%	60%	80%	100%
实际完成					
材料使用					
班组签字					

注：1.此表格应按计划进度的完成时间进行检查填写并上报项目经理和商务组。

2.此表格作为支付班组人工费的依据之一。

4.所有剩余物资的借用和移交，必须按规定办理。

四、结束语

项目成本控制是一个常管常新的话题，但万变不离其宗。只要掌握了规律，在科学发展观的指引下，不管情况多艰难，企业终会赢利的。而且新的管理措施还会不断创新出来，新的利润市场还会被挖掘出来，企业的未来会更辉煌！

施工企业资金管理的几个问题

王秀钰

(中建七局，郑州 450004)

一个公司的经营活动实际上是一个不断投资与融合管理的过程。资金是企业的血液。一个人如果要健康生活，就一定要气血充足。企业也一样，资金不足，企业就会贫血。因此，研究、解决施工企业的资金问题就显得十分重要。

一、施工企业财务内容模块

我一直在思考着一个问题，施工企业的财务到底应包含着哪些核心内容才算一个完整的财务？完整的财务应包括哪些职能？我个人认为，至少应按以下职能设置才算完整。

1.会计部

2.财务部

3.资金部

4.投资部

5.风险管理部

会计部：

1.会计制度建设

2.内部控制

3.会计信息的反映、归集与核算

4.会计电算化建设

5.会计报告

财务部：

1.对会计信息分析，为决策服务

2.对会计机构和会计人员管理

3.对企业财务进行治理

4.对财务战略及业务进行规划

5.预算管理

6.绩效与薪酬系统管理[平衡记分卡(银行)]

资金部：

1.企业现金流量管理

2.营运资金管理

3.资金预算管理

4.银行融资

5.股权融资

6.企业收购、资本重组

7.外汇管理

8.资本结构管理

投资部：

1.项目投资机会研究

2.项目投资的可行性研究

3.项目的实施及投资后评价

4.项目 BOT 投资

风险管理部:

1.风险识别

2.风险的评估

3.风险的应对

4.风险的控制

5.风险信息的对称性管理

以上五大模块对人员素质的要求也是不一的。风险管理与投资对人的综合素质要求最高，需要高素质的人才能完成。其次是资金、财务，它是一项管理活动。我个人一直认为，会计人员不一定需要高学历，中专毕业就够了，它需要的是细心、敬业和忠诚。

二、一个好的财务基本要件

1.人。包括会计人员、会计经理等。对所有企业的财务人员的基本要求，首先是要无条件地忠于资本和资本规律，要有“受人之雇，忠人之事”的态度，对单位负责任，对自己负责任。同时，要按照“有所为，有所不为”的原则，把握好火候和度，处理好与单位领导的关系，争取一个有利的“话事”环境。但要有自己的原则与骨气，防止“奴性财务”、“老婆财务”，那也是很危险的。

2.制度。包括会计制度和其他制度。时代在进步，公司在规范，因此建立一套规范的、行之有效的会计制度非常必要。作为基层，制度建设更重要的是学习国家的会计制度和局公司的各类制度。我个人认为，工程局是制度的制定者和规划者，公司以下就是学习和执行，否则就是浪费和重复。基层制度建设核心是细化和规范内部控制制度，其表现形式就是业务流程（或叫会签制度）。项目之所以混乱，项目之所以亏损，项目之所以腐败和漏洞，我看业务流程制度及内部控制制度的丧失是根本。“人治”及“一枝笔”是与现代企业管理、与时代发展相违背的。

3.组织。包括部门设置和会计岗位。在基层，很多经理要直接管理财务部门。财务主管及出纳岗位，部分单位领导是要亲自选人的。在这里，我要提醒各位同事，我们不要成为单位领导人手中的工具，这是一件危险的事情。

4.职能。包括会计、财务、资金、投资、风险控制等。第一个问题已经讨论过，这里不再重复。

5.技术。就是电脑及网络技术。

6.知识。包括会计、财务、审计、统计及管理知识。

7.流程。

8.文化。包括哲学知识、个人理念、价值观。

9.财务体制。集权、分权、授权。

10.机制。包括激励、约束机制等。机制是极其重要的，可以说，一个缺乏公平性的绩效与薪酬系统，如同企业肌体内的癌细胞，会导致企业管理系统的紊乱和无序，甚至走向衰亡；相反，一个公平、透明的绩效与薪酬系统，尽管它解决不了一切管理问题，但它却能有效凝聚企业资源，成为企业健康发展的加速器。因为，人是复杂的，一个好的负责人能带出一个好的财务团队，好的财务团队的力量大于一切。机制问题在目前的国有施工企业是无法一时解决的。

三、施工企业资金管理的模式

(一)实行企业集团资金集中管理是目前条件下现实的选择

1.很多实例告诉我们，资金集中是集团型企业保持其整体性的关键手段，集团推行财务集中管理，是无可争议的。比如中石油、中石化已实施十多年了。

通用电气(GE)在描述他的集团控制时有这么一段话:“作为一家拥有 11 个业务集团，1 500 亿美元年营业收入和 30 多万名员工，业务遍及全球各地的庞大公司，总公司对下属集团事业部和地区分公司强劲有效的财务(和融资)控制是保持企业健康和集团整体所必不可少的关键手段”。正是这种手段帮助 GE 公司经历 100 年风雨而屹立不倒。近年来，顺利渡过了许多难关。2004 年，GE 公司还被《金融时报》授予最佳公司治理的桂冠。

2.实行资金集中管理是工程局必然的选择。

局兵改工后 25 年，是企业由集权管理向分权管理发展的时期，在这个过程中，基层单位相继获得了会计核算权、银行账户使用权、资金收支权、投资权、资产购置权、筹资权。基层单位在生产经营、财务、人

事等方面的权力不亚于局和公司两级法人的权力。权力的分散和下沉，使得法人调控能力弱化，资源形成不了拳头，局集团“集而不团”。

推行项目经理责任制和分权经营虽然极大地调动了基层经营者的积极性，使得企业的规模迅速扩大，但由于监控不到位，企业付出了极大的代价。亏损项目增多，规模的扩大与效益下滑的剪刀差在拉大，企业空壳现象在发展。而这些问题具有隐蔽性，往往领导变更时才会得以暴露，经济滞后性问题严重。

资金是局稀缺的资源，在这个完全竞争的建筑市场上，各自打天下、自发式的发展是很难对接到大业主，进入大市场，承揽到大项目的。只有实现资源和资金集中才能完成企业的经营目标，才能提高企业的运行效率和提高企业抗击风险的能力。

基于以上认识，局要实现“商业化、集团化、科学化”的发展思路，要保持其健康、稳定及整体性，财务资金集中统一管理是重要的手段之一。

(二)实施资金集中管理思路

1.要先制订计划和目标

一个成功的组织，一个成功的活动历来是重视计划和战略的。

诸葛亮27岁前躬耕于南阳，刘备三顾茅庐，诸葛亮作隆中对。提出先了解荆州，后取西川建基业。北让曹操占天时，南让孙权占地利，刘备占人和，以成三足鼎足之势。之后北出祁山，南山宛城，钳制中原，恢复汉室。诸葛亮的《隆中对》虽寥寥400多字，却是一个很具体的计划和战略。可以这样讲，一部蜀汉政权的历史，就是推行隆中决策的历史。

一个人要干成一件事，一个组织要干成一件事，首先得有一个明确的计划、规划，这是成功的前提。

2.要制定一个可行的运行方案。

工作计划和工作目标确定以后，一个切实可行的运行方案至关重要。局资金集中方案考虑了机构的设置问题，配套的运行文件问题(19个文件)，集中的范围问题，安全账户问题以及资金的垂直管理问题，资金经理的外派问题等，这些问题都考虑清楚了，准备完善了，拿到桌面上，拿到会议上，意见统一了，认识一致了，才着手实施。

3. 要以铁腕的手段执行。资金完全集中的目标和方案确定以后，局资金部以铁腕的手段强力推行。规定了一个统一资金集中的时点，以快速坚决的态度，采取了一刀切的办法。也遇到过挫折，但资金部坚决不撒手，即使资金部错了，也得执行。错误由局领导批评，错了的地方在执行的过程中再修整、再完善。但必须执行是刚性的，是不可商量的。

4.要抓牛鼻子。局资金部在统一资金集中管理的时点之后，首先抓住了资金集中单位的发票、收据、财务印章这三大项权力，其他暂且不管。由于抓住了这三项权力，不实施资金集中的单位钱就收不进来，也支不出去，所以资金集中管理立马见效，立竿见影。

5.要有灵活性。实行资金集中管理后，把郑州结算中心定位成一个服务机构、一个俱乐部。资金部不参与任何权力，权力由集中单位的总会计师实施，由区域资金经理管理资金部的主要任务是做大局资金池。我们深知，过分揽权，过分指手画脚，会造成资金集中单位的反感，影响资金部工作的顺利开展。同时，资金部依靠局强大的资金实力，积极为资金集中单位排忧解难，对于突发紧急情况，只要说明原因，只要把时账单传真到资金部，资金部不管款项是否到账，都可以提前支付资金，这样就极大地调动了资金集中单位的积极性。

6.要坚持循序渐进、分期实施的原则。局兵改工后的22年里，是企业向分权管理发展的时期。各单位的管理模式、文化架构已经形成思维定势。现在实行集中管理不可能一蹴而就，也不可能一步到位。局在制定资金集中方案中也正是坚持了循序渐进、分期实施原则，才取得初步成功。即先解决资金收入的问题，下一步再解决资金支出的监控问题；先解决郑州区域，直营公司、以局名义承接项目的资金收入问题，再解决法人公司的资金集中管理问题。

7.要支持科技先行。局去年与用友公司合作，投资建立了ERP-U8资金集中管理系统，把企业、银行、软件之间三维立体平台建立起来，使得资金的数据集成在网上快速运行。确保资金集中单位对资金周转速度的要求，速度的快捷使得参与资金集中的单位比较满意。

回顾我们推广资金集中管理的过程,如果不是局ERP-U8资金管理系统与银行网上银行的对接，实事求是地说,我们很难达到目前资金集中管理的局面。

(三)资金集中管理模式

资金集中管理的任务是对局资金实行集约化管理,对局资金流量实行集中管理与控制,目的在于使企业的资金运动按照预算流转,按照市场需求配置,为局拓展规模、提高效益服务。但七局有七局的现状、历史特点。因此,郑州结算中心的运作也有别于兄弟单位,我们也还在不断探索之中。

1. 郑州结算中心整体导入的是内部银行管理模式。

局所属各法人公司、各直营公司以局名义承接的项目，局财务部统一在局郑州结算中心开设内部银行账户。考虑各单位还有分支机构的问题,郑州结算中心为各单位内部银行账户设置了子账户，以细核算,清楚明了。

2.各单位收入账户统一取消,收入账户由郑州结算中心统一开设。

3. 局总部所在的郑州区域各单位原有的银行账户全部撤销，统一在局郑州结算中心开立内部银行账户，所有的资金收入汇入郑州结算中心指定账户。

4.以局名义承接的工程项目,财务印章、发票、收据由郑州结算中心管理，由郑州结算中心在工程所在地银行开设账户，局郑州结算中心与银行签订网上银行客户服务协议，原有非网上银行账户全部撤销。

5.直营公司区域,财务印章、发票、收据由局委派的资金经理管理，资金经理在直营公司所在地开设账户,代表局与银行签订网上银行客户服务协议。原有的非网上银行账户全部取消。

6.法人公司,由局统一刻制各单位收入财务专用章，各法人公司代表局统一在各单位所在地开设网上银行收入专户，资金收入统一汇入局郑州结算中心。目前已付诸实施。

(四)郑州结算中心的管理模式是内部银行统收统支,结算中心单纯统收并用的方式

1.局本部所在地的郑州区域成员单位统一按内部银行运作模式运作。各成员单位一律不得在银行开设收入户和支出户,收支由郑州结算中心运行,现金由结算中心提供,实行的是内部银行模式。

2.以局名义承接的工程项目,收入户及支出户全部由郑州结算中心控制，郑州结算中心将资金支付到最终端客户手上,实行的是统收统支的模式。

3.直营公司区域,我们组建了北京、武汉、徐州三个区域结算中心。原来的区域资金经理兼任区域结算中心主任,采用区域结算中心的管理模式。

4.对法人公司,郑州结算中心将当天收到的资金进行归集,次日下拨到各法人公司,只管收,即:收入由局郑州结算中心接管。暂不管支,支出由各法人公司自行监控。但法人单位与局之间资金流转按局总部统一ERP奖金平台操作，采用单纯的统收模式。

(五)郑州结算中心的组织形式是垂直管理

在国有施工企业现有的体制下，无数的事实和教训告诉我们,当目标和方案确定之后,单靠各单位的自觉是很难做到了;要想实现资金广泛集中,组织措施是保证。为此我们建立了扁平化、垂直管理的资金管理系统。通过委派资金经理来实现资金的体内循环。

(六)郑州结算中心是两个系统同时运行

随着郑州结算中心业务的不断扩大，我们将郑州结算中心分成了直营公司运行系统和法人公司运行系统,两个系统同步运行,减少了差错,保证了运行的速度。

(七)郑州结算中心建立了一套高效的运行系统

郑州结算中心对外借助银行的网上银行管理系统,对内我们建立了一套内部资金管理系统,这个系统对结算中心的资金报表、网上结算、企业应用集成、资金的预算、贷款的管理、资金的动态汇总等都建立了一套高效的运行平台,借助这个平台,我们资金的内业管理工作有了一个较高的起点。通过一年的运行,郑州结算中心建立了自己的品牌信誉,资金集中单位都比较满意。

(八)资金经理委派制度是我们无奈的选择

1.资金经理委派制度是我们无奈的选择

我们本来对直营公司和子公司实行了总会计师委派制度。资金管理是企业总会计师非常重要的一项职责。实行资金经理委派制,与企业总会计师无疑在管理职责上是有重复的,这一点勿庸置疑。

但是由于总会计师的目标很多,责任重大,从实际工作来看,我们喊了很多年资金集中,强调了很多资金集中管理的必要性。但是部分单位资金集中管理状况依旧。无奈,我们只有寻求体制变革,建立资金管理垂直体系,在异地重点区域,为了达到资金集中管理的目的,委派资金经理与总会计师并行运行。

2.提高委派资金经理的待遇,授予委派资金经理一定的权限

我局委派资金经理的待遇是按照局资金部副经理标准对待的,编制属局资金部工作人员,工资由资金部负责发放,考核由局资金部组织。同时,我局还明确规定,委派资金经理控制和掌握所在区域的发票、收据、财务印章、在局资金部授权的范围内办理所在区域内一切银行账户一切资金收付业务。

3.严格对区域资金经理的考核制度

委派区域资金经理到各区域工作,是一个新事物,工程局的干部序列又多了一个新名词。资金经理到各地工作,局资金部狠抓了对资金经理的管理工作。

1)在工作纪律上,严格了区域资金经理的月报告制度。

2)切断委派资金经理与受派单位之间的经济利益关系。

3)签订了资金经理管理目标责任书。

4)资金经理不能一个人经办业务。直营公司的财务经理担任区域资金经理的稽核会计,实行双向控制。

由于以上四项管理措施,使得各位资金经理虽然与局相隔千山万水,但随时与局保持了畅通和管理互动。

四、融资管理问题

公司的兴衰成败,取决于战略管理。而战略管理的成功与否,又取决于融资管理的水平。实际上,一个民族的振兴,在微观层面,相当程度上取决于人们融资能力的高低。香港没有农业,没有矿产资源,也没有什么工业,但香港人很富有,原因很多,但香港人会投资、会融资,其金融中心的地位是一个重要方面。银行是落后地区的抽水机(吸收存款),是发达地区的放款机(发放贷款)。总公司系统,比较先进的工程局发展速度快,与其迅速筹集资金以及强大的银行授信规模,不无关系。这两年,局施工规模的扩大,发展的平稳,与局融资水平的提高是有很大关系的。

(一)融资的方式

融资是指企业根据其生产经营,对外投资及调整资本结构的需要,通过金融机构和金融市场,采取适当的方式,获取资金的一种行为。企业环境变化莫测,融资品种层出不穷,如何正确地筛选和使用金融产品,是公司当家理财者永恒的话题。金融品种的发展速度,远比教科书快。

1.银行综合授信额度

银行综合授信额度是指商业银行按照规定程序确定的,在一定期限内对客户提供短期授信支持的量化控制目标。

它的基本程序是:企业提出申请,基层银行审查打分,符合条件报分行一级,由公司部、授信部、风险控制部审核,提交贷审委研究,小额的,分行行文批准,大额的,报总行行文批准。

2008年各银行又开始实行集团授信。

综合银行授信包括流资借款,银行承兑汇票,各类保函,今年又增加了银行信贷证明。这些共同组成了银行综合授信的内容。

银行授信额度一般适用于在一年以内的各类授信业务。但投标保函、履约保函、预付款保函的期限可以放宽一年以上。

银行综合授信的抵押形式有:实物抵押,总公司担保,中小企业担保公司担保,子公司为母公司担保,外币质押,免担保等方式。以上几种方式工程局是常用的。

取得银行综合授信的基本条件:①具有法人资格,直营公司不是授信主体。②在银行有结算账户,现金流量与存量能吸引银行。③负债率偏低。④具有

较强的经济实力。包括资产规模,企业规模。⑤经营业绩好,赢利能力较强。

银行综合授信是目前除上市公司以外的企业融资的最主要来源,我局的融资90%来源于此。

2.公司债券融资

近年来,我国企业债券市场进入了一个规范发展的黄金时期,发行公司债券成为许多优势公司募集中长期资金的重要方式。与其他债权融资方式比较,发债最明显的优势是可以锁定利率风险。

发行公司债券总公司已进行尝试,今年上半年已成功发行了总公司债券。这一部分的理论在这不多讲,基层的同事使用较少。工程局有望在未来两三年内尝试使用这个融资工具。

3.资本市场融资

股权融资对公司控制权的影响是根本性的,通过公司上市发行普通股,是公司股权融资最为经典的方式。

公司上市手段包括首次公开发行上市和买壳上市,前者属于主流,后者是有机补充。

首次公开发行上市包括股份制改组、上市辅导、审批和发行上市等若干环节。在公开发行上市欠缺可行性的情况,很多企业采用了买壳上市的间接方式。实现自身优质资产上市和再隔资的目标。这种融资方式对工程局来说,为时尚早,在此不多讨论。

4.项目借款

对于大型项目,工程局以项目的名义向银行申请借款。项目借款实行封闭运行。这也是目前工程局融资的一种方式,重庆鸡冠石及唐家沱项目就是一个成功的实例。

5.融资租赁

这里所说的融资租赁是指财务融资租赁,它是获取长期资金的一个重要来源。融资租赁是企业为了获取租赁资产的使用权而定期向出租方支付的费用,是租赁合同的一项重要内容。工程局系统融资租赁主要是大型设备。

6.商业信用融资

所谓商业信用,是指在商业交易中,由于延期付款而形成买方与卖方之间的信用,商业信用是企业融资手段之一。

施工企业的商业信用融资主要是应付账款融资。即我们购买材料和劳务时,不立即支付款项,而是延迟一定时期后才付款。商业信用分为免费应付账款融资,有代价信用应付账款融资以及展期信用应付账款融资。这种融资方式,在我国施工企业中很普遍,也就是我们常说的利用社会资源。

7.民间融资

工程局部分项目民间借贷还是为数不少。民间借贷在江浙一带最为发达,俗称黑市银行,也称草根金融。

五、银行承兑汇票

(一)承兑汇票概念

承兑汇票是收款人或付款人(或承兑申请人)签发,由承兑人在承兑,并于到期向收款人或被背书人支付款项的票据。也就是说,承兑汇票是一种反映商品交易款的债权债务关系的票据。

1.承兑汇票的分类和业务流程。承兑汇票按承兑人的不同,分为商业工程汇票和银行承兑汇票。商业承兑汇票是收款人签发、经付款人承兑,或由付款人签发并承兑的票据。商业汇票不管由谁签发,但必须由付款人办理承兑手续,然后,交给收款人。银行承兑汇票是由收款人或承兑申请人签发,经承兑申请人开户商业银行审查同意承兑的票据。

承兑汇票贴现是汇票的持有人将未到期的汇票转让人银行,银行按票面金额扣从贴现日起至汇票到期日止的利息后付给票款的一种授信业务。

贴息=承兑汇票金额×贴现率×贴现期

承兑汇票背书是承兑汇票执票人以转让票据权利于他人为目的而采取的票据行为。

本规定中要求的背书必须具备以下三个条件:(1)被背书人的姓名;(2)背书的年月日;(3)背书人签名、印章。

承兑汇票转让是承兑汇票收款人在票据到期前,将票据所载权利让与他人的行为,转让以背书为前提,背书以转让为目的。

2.承兑汇票的开立。公司开立的承兑汇票必须记载下列事项:(1)表明"汇票"的字样;(2)无条件支

付的委托；(3)确定的金额；(4)付款人名称；(5)收款人姓名；(6)出票日期；(7)出票人签章。承兑汇票允许背书和转让。承兑汇票的付款期限，由交易双方商定，但最长不超过六个月。如需分期付款，可一次签发若干张不同期限的汇票。

公司签发和接受的承兑汇票必须是银行统一印制的商业承兑汇票、银行承兑汇票，否则，任何公司不得受理。如果公司在银行有承兑汇票专项授信额度，按照银行的授信额度管理要求办理，没有授信额度的公司，应按照单笔承兑汇票的申请程序办理，办理承兑汇票业务流程如下：

(1)公司之间有真实的商品交易、工程承包(分包)有意愿并签署了商品购销或工程承包(分包)协议。

(2)公司与银行签署承兑汇票承兑协议和承兑汇票承兑保证合同。

(3)在银行开立保证金账户和交纳协议比例的保证金。

(4)向银行提交商品交易的有关购销合同、发票、支付工程款的合同等文件的复印件，并申请开立承兑汇票。

(5)开出承兑汇票后，掌握付款时间，准备资金，按时付款。

3.承兑汇票的转让与贴现。收取的银行承兑汇票可到期存入开户银行，背书转给其他用汇票支付的单位，或在到期前进行贴现。为了降低财务成本，规避风险，企业要优先转让使用已收取的未到期的承兑汇票，以减少货币资金支出。由于贴现实际上是一种资金融通，是一种银行信用与商业信用相结合的融资。因此在贴现前公司财务部门必须经过成本分析测算，充分对比汇票贴息、贷款利息等因素后进行决策。在向银行办理贴现时，必须提供真实的有关改选该票据项下商品交易合同的提货单、发货单等资料；或者提供真实的有关改选该票据项下工程承包(分包)等有关资料。

(二)局使用银票的状况、作用及效果

我局近年来银票使用量快速增加，并发挥了较大的作用，起到了良好的效果。

1.调整和优化了融资结构，提高动作资金的抗风险能力。

对银行来讲，贷款额度和银票额度均占用其信贷规模，但贷款属其资产业务，需要有相应的存款支撑，而银行承兑汇票额度属资产负债表之外的业务，不需要有相应的存款，只是在未来到期日存在垫款的可能性，属或有负债，所以压缩信贷规模时银行首先压缩贷款额度。时至今日，局总部贷款额度××万元，银票额度达到××亿元。目前的融资额度品种的配比较以往更合理，应对国家金融政策调整的抗风险能力更强。

2.满足授信银行对我局的存款要求。

银行主要是靠存货利差而生存的，存款规模决定了银行的经营规模。所以银行给与企业授信额度时，不仅希望带来利润，更希望带来更多的存款，往往将存款量的要求作为提供授信的附加条件。局总部在资金流量和存量均不理想的情况下，办理足额保证金银票，既满足了授信银行对我局的存款要求，又不妨碍资金的周转。自2004年起，局总部至今共为目前授信银行办理足额保证金银票××万元，合计贴息费用约××万元，定期存款利息收入约××万元，两项相抵，银票贴现成本约××万元。

在我局自身实力较弱时期，通过办理足额保证金银票满足银行存款要求的方法，在融资工作中，起到了显著的效果。

3.降低融资成本，银行承兑汇票贴现降低融资成本。

4.作为融资手段，银票还款压力小，操作时易掌控。

银行要求企业流资借款的正常使用，必须是先还后贷。贷款到期本息结清后，银行必需重新走贷款程序，新贷款最快10d才能到位，还款资金压力大。而银票额度可在到期前，未归还占用额度的情况下，先将新的授信协议签署完毕，然后滚动使用额度，还款资金压力小。目前局总部日常基本以××万元的资金存量，维持约××亿元的融资资金的运转。

5.银票可作为企业控制融资总量大小的调节器。

由于银行借款的还借手续麻烦，长款短利率吃亏，加上贷款均有同额的存款支撑，银行要求企业尽快足额使用借款额度，所以，习惯上一笔借款是足额、足期使用,这样就使得企业在借款和自有资金的调节使用上缺乏控制力。银票就解决了这个问题。由于银行承兑汇票额度不需要有相应的存款支撑,银行只是有垫款的风险。足期使用银票额度,加上企业出票时可在3~6个月内随意选择还款期限,使得企业可根据自有资金调节使用银票额度,增强企业对融资总量的控制力。

六、保 函

(一)保函的概念

保函属于担保的一种,是银行根据申请人的请求,向受益人担保申请人将履行某项义务并承诺经济赔偿责任而开具的书面保证文件。

(二)保函的种类

在局实物业务中,经常涉及以下几种保函:

1.投标保函:是企业因参与工程投标需要,向银行申请由银行出具给招标人(受益人)的书面保证,如企业在规定的时间未能履行投标合同约定的义务,担保银行将根据招标人的索赔,按照保函约定承担保证责任。

2.履约保函:是企业因履行工程合同需要,向银行申请由银行出具给发包人(或总包人)的书面保证,如企业在合同规定的时间内未能履行工程合同约定的义务,担保银行将根据发包人(或总包人)的索赔,按照保函约定承担保证责任。

3.预付款保函:是企业为取得工程预付款需要,向银行申请由银行出具给付款人的书面保证,如企业未能履行合同约定的义务,担保银行将根据付款人的退款要求,按照保函约定承担保证责任。

4.工程维修保函:是企业为表明承担工程维修责任需要,向银行申请由银行出具给工程业主的书面保证,如企业在工程保修期内不履行合同约定的工程维修义务,或工程质量不符合合同约定而施工企业又不能维修时,担保银行将根据工程业主的索赔,按照保函约定承担保证责任。

5.信贷证明:是企业为满足收益人的要求,申请由银行出具给收益人的"承诺在申请人需要的时候可以得到银行一定额度借款"的证明,形成或有负债。

(三)保函保证金、保函费用

1.保函保证金、保函费。由局资金部郑州结算中心负责计算、收取,并建立健全收支台账,明细核算。

2.保函保证金。自营项目按×%计取,联营单位按投标保函×%计取,预付款保函按×%计取,履约保函按×%计取。

3.保函费的收取。投标保函按保额的×‰一次性收费。履约保函按每季度保额的××‰收费。

施工企业的实践活动,对资金问题提出了越来越多的挑战,只要我们与时俱进,资金必将成为企业快速发展的助推器。

清单计价下措施项目内容计算注意事项及风险的防范

罗莹 王威
（中国新兴建设开发总公司，北京 100039）

《建设工程工程量清单计价规范》(以下称《计价规范》)自2003年7月1日开始实施。《计价规范》与原有定额最大的不同点之一，是措施项目的报价由投标人自己决定。在计价规范中，有关措施项目的规定和具体条文比较少。投标人可根据施工组织设计采取的措施增加项目。措施项目不易统一，是因工程而异、因企业、因施工方案而异。这样，就造成企业对措施项目报价差异很大，有的单位偏高，有的单位偏低。以下，我就结合招投标的实际经验，提示大家工程量清单计价下措施项目的内容、特点、措施费的报价策略。

一、清单计价下措施项目的内容及特点

计价规范与定额的重大区别在于《计价规范》将工程实体消耗与施工手段作了分离。工程实体消耗是《计价规范》中的分部分项工程量，而施工手段进入措施费项目。措施项目清单是为完成工程项目施工，发生于该工程施工前和施工过程中技术、生活、安全等方面的非工程实体项目，也就是为实施实体而采取的措施消耗项目，非实体费用消耗部分，与采取的施工方法手段紧密相关。《计

价规范》所列措施项目内容，在原定额中有的是属于直接费的项目，如大型机械设备进出场及垂直运输费用、模板及支架、脚手架等；有的是属于其他直接费的内容，如临时设施等。而现在单独列项的文明施工、安全施工、环境保护，原来都包含在开办费中。

二、清单计价下措施项目清单报价策略

招标人在编制措施项目清单时只需列项目名称，而不提供具体施工方案，因此招标文件措施项目清单中，业主提供的措施清单有可能不是最优的方案，投标人报价时，要先由技术人员拟定施工方案或施工组织设计，才能再根据施工现场和施工企业的实际情况，确定要报的项目和价格，进行全面竞争。

1.精心编制施工组织设计

施工投标报价与施工组织设计密切相关，在采用《计价规范》以后更是如此。施工单位应认真熟悉图纸，踏勘施工现场，同时要特别领会招标文件中提出的要求，并结合本工程特点，对招标文件做出实质性的响应。这样，一个精心编制的施工组织设计，不仅是编制措施项目清单报价的依据，也是招标人评审投标文件中技术标部分的根据。施工组织设计不但要有先进的技术性，还要代表其相应的经济性。目前，许多施工单位编制施工组织设计时，不考虑多方案的经济比较，而在报价时不按照施工方案。《计价规范》采用以后，施工单位一定要改变过去的这种做法。施工组织设计中平面布置，土方、护坡、降水方法，采用的机械设备，安全、文明施工保证措施等，均与措施费密切相关，施工单位措施费的报价必须与施工组织设计相符，招标单位在进行回标分析时，需要对措施费的报价与施工组织设计作符合性鉴定。

2.措施项目的组价

措施项目清单均以“一项”为计价单位，一个措施项目报一个总价。每项措施项目都又包含具体内容。每项措施项目清单，都需要根据施工组织设计的要求以及现场的实际情况，进行仔细拆分、详细计算才会有结果的。比如临时设施包括以下几方面的内容。第一是办公用房，如会议室、办公室等；第二是生活用房，如宿舍、食堂、厕所等；第三是生产用房，包括水泥仓库、木工棚、钢筋棚等；第四是临时供电；第五是临时供水；第六是临时排水。临时设施费包括了以上建设项目的搭设、租赁、摊销、维护以及拆除的全部费用。上述各项都需要分别计算出人、材、机的费用，企业管理费和利润，然后再进行综合，形成临时设施这一项内容的总价。

3.现场环境保护、安全、文明施工措施费

在施工组织设计中，环境保护、安全、文明施工必须要采取可靠措施，报价也要与其相对应，决不可省略让利。投标单位应结合项目特点，在认真踏勘现场后，按照“建筑工程安全防护、文明施工措施费用管理规定”做出清单报价，不能简单了之，或随意优惠。

文明施工主要包括：

(1)安全警示标志牌：在易发伤亡事故和危险处，设置明显的符合国家标准要求的安全警示标志牌。

(2)现场围挡：①市区主要路段不小于2.5m高，一般路段不小于1.8m高的围墙；②围墙材料可采用彩色、定型钢板或砖、混凝土砌块等墙体。

(3)场容场貌：场地硬化不小于10cm厚的C20素混凝土或定型化的砌块。

(4)现场防火：消防器材配置合理，符合消防要求。

(5)一图八板：在进门处悬挂工程概况、管理人员名单、监督电话、安全生产规定、文明施工、消防保卫和施工现场总平面图。

安全施工主要考虑临边洞口交叉高处作业防护。

4.模板、脚手架等

模板措施费，在措施费用中占有较大的比例，施工单位应根据工程的施工方案，算出实际使用量，按市场价格进行报价。模板的主要形式按部位分为几种：大钢模板、小钢模板、竹木模板均为常用模板，现在还有一些比如铝合金模板、塑料模板、玻璃钢模板等特殊材料模板。

钢管脚手架。《计价规范》已明确规定脚手架列入措施项目中。

在施工组织设计中，脚手架的形式、立杆横距和纵距、横杆、连墙件、剪刀撑、防护栏等，要做到科学、

合理,报价要与之对应。切忌不要忘掉模板的支撑体系,大部分也是采用脚手管按计算出的承重能力设计的。

其他还包括大模板施工时的外挂架或爬模架,外装修使用的电动吊篮等。

5.大型机械进出场费

大型施工机械的进出场费,应根据施工组织设计中所选择的机械设备规格、型号及数量进行报价,包括打桩机、挖土机、推土机、起重机、人货电梯、井点抽水设备等。其中高层建筑要考虑起重机的附着、提升,并注意按照施工组织设计中进度计划所计划的使用周期计价。

措施项目清单中的混凝土及钢混凝土模板与支架、脚手架、大型机械进出场及安拆、重要施工技术措施项费用(如降水、地基加固等)的报价,应与“施工组织设计”相符并在投标文件中列出详细报价明细表。如该措施项目报价与施工组织设计明显不符,经清标评审后可能作废标处理。

三、清单计价下措施项目的风险防范

1.增强风险防范意识

招标人因为本身的进度要求,给予投标人的准备时间往往是不充分的,而且在招投标阶段,仍存在着一些不确定因素,所以在投标文件中,施工组织设计有一定的不准确性和潜在风险,这使措施项目清单亦相应地不准确和存在风险。招标单位往往都把这种风险和矛盾转嫁给了承包商。此外,在编制施工组织设计与措施项目清单时,往往因编制人的错误而产生抵触和矛盾。所以,施工单位在投标时和签订合同过程中,都要加强风险防范意识。

2.投标时加强风险防范

措施项目费用的组成,一部分是根据工程量的大小而定的措施费,一部分是根据工程的具体情况和特点而定的措施费。根据工程量的大小而定的措施费,投标报价时必须重视工程量的准确性。根据工程的具体情况和特点而定的措施费,投标报价时要全面理解招标文件,熟悉施工程序、施工方法、施工工艺和具体工程的特点。施工组织设计中所列机械、施工方案等配合的施工措施项目,要同报价清单中措施项目一致。在施工组织设计中,不要列施工中根本不需要的机械设备,否则评标委员会会认为措施项目报价与施工组织设计不符。更为严重者,在合同履行过程中,甲方可能会因不履行合同而拒付该部分措施费。

3.签订合同过程中要加强风险防范

工程量清单计价的施工合同,要求签署合同的承发包双方当事人注意合同条款的严密性,特别是专项合同条款的制定。作为施工单位,在签订施工合同时要特别注意以下几点:

(1)措施项目如何计取。

措施项目清单以“项”为计量单位,它不像分部分项工程量清单那样,有明确的计算规则、清晰的项目特征和工作内容。完成了分部分项工程量清单中规定的工作内容,并且验收合格,就可以按照计价表中所填综合单价乘以实际工程量,申请工程款的支付。

但措施项目不具有上述这些特点,一项措施什么时候才算完成,何时支付措施费,支付的比例是多少,如何确定等,这些问题都没有明确的规定,所以施工单位在签订合同中要特别注意。

技术措施费和其他措施费一般在招标阶段已明确由施工单位自行考虑,属于一次性费用,则应在工程结算时一次性付清,如费用较大时,在合同中应明确。

(2)措施项目是否调整。混凝土工程量调整时,措施费中模板是否可调,需要根据合同及招标文件的规定。

(3)由于甲方提供的资料不完整(如地质勘探报告不准确),责任应由谁来承担,也要在合同中明确。

四、结 语

措施项目在报价时,我们应根据招标文件要求和施工现场情况,并结合自身技术特点编制施工方案,确定措施费用,此不仅能充分体现出以施工方案为基础的造价竞争,也有利于推进企业的技术进步。同时,施工企业应结合工程实际情况,在投标和签订合同过程中,要增强自身的风险防范意识。

浅析 单元式幕墙的防雨水原理和质量控制措施

◆ 龚建翔

(吉林盛世集团, 长春 130021)

摘　要:随着建筑业现代化步伐的加快,单元式幕墙作为一种新的幕墙形式在大型公共建筑中被广泛应用。由于该幕墙具有工厂化生产、单元组合形式安装等优点,与其他制作安装形式的幕墙相比大大地缩短了工期,因此成为现代高层建筑和超高建筑首选的外围护结构。目前世界第一高楼上海环球金融中心,华东第一高楼绿地紫峰大厦,及东北第一高楼大连期货大厦等超高层建筑均采用这种形式的幕墙。文章简要归纳了该幕墙的防雨水原理和在设计、制作、运输、安装等过程应进行质量控制的要点。

关键词:单元式幕墙,雨幕原理,渗漏三要素,十字封堵,过程控制

一、引言

建筑幕墙是由板材与金属构件组成，悬挂在建筑物主体结构上的非承重连续外围护结构。建筑幕墙起源于1851年英国伦敦。在当时举办工业博览会上建造的"水晶宫"的外围护结构,就是最早的幕墙。该建筑主体采用钢结构，其外围护部分为工厂预制的"模数化"玻璃,它覆盖了近90 000m^{2}的建筑面积。如此庞大的建筑,设计用了9d,安装用了17周,整个工程的工期仅为39周。正是在这种"工业革命"浪潮的推动下,传统的建筑业也加快了前进的步伐,建筑幕墙时代也孕育而生。1850~1950年为第一代:"准幕墙"时代;1950~1980年为第二代:幕墙时代;1985至今为第三代:幕墙时代,也是最成熟幕墙时代。

建筑幕墙按照其面板材料的不同，可分为玻

主要是通过材料自身的性能，来降低能量在传导过程中的损耗实现的；防风、防雨水作用则是通过单元板块在安装组合后所具有的气密性和水密性来实现的。单元板块通过插接安装组合后，会在板块周边形成“等压腔”，腔体对板块面层的雨水就会形成“幕”，所谓“雨幕”原理就是这样在单元式幕墙中发挥了作用。

“雨幕”原理是一个设计原理，它是指雨水对这一层“幕”的渗透将如何被阻止的原理。这一原理应用的主要因素为：在单元板块的接缝部位内部设有空腔，并且空腔外表面和内侧压力在所有部位上一直要保持和室外气压相等，从而使空腔内外表面两侧处于等压状态。其中提到的外表面，即“雨幕”的压力平衡，是通过设置在腔体部位的开口，使腔体内的气流与腔体外的空气相流通，来实现整个腔体的压力平衡的。

在工程实践中我们了解到，幕墙发生渗漏通常要具备以下三个条件：

1.幕墙面上要有缝隙。

2.缝隙周围要有水。

3.有使水通过缝隙进入幕墙内部的作用。

这三个要素中如果缺少一项，渗漏就不会发生，如果将这三个要素的效应减少到最低程度，则渗漏可降低到最低程度。在通常情况下外壁水和缝隙是无法

璃幕墙、金属幕墙、石材幕墙、混凝土幕墙及用各种材料组合而成的组合式幕墙；按照其结构形式的不同可分为明框幕墙、隐框幕墙、半隐框幕墙、悬挂玻璃幕墙、点支承式幕墙等；按照其制作与安装方法的不同可分为构件式幕墙和单元式幕墙。建筑幕墙作为建筑的外围护结构，由于具有完善的使用功能和建筑装饰效果，并表现出建筑的现代韵律和时代气息，因而在当今时代得到广泛推广和使用。

二、单元式幕墙的防雨水原理和主要特征

单元式幕墙作为建筑物的外围护结构，主要起到隔热、保温、防风、防雨水作用。隔热保温作用

消除的，只有在作用上下功夫，通过消除作用来使水不通过外壁缝隙进入“等压腔”内。在内壁、缝隙和作用(特别是压差)不能消除的情况下，要达到内壁不渗漏，则要使水淋不到内壁，这正是通过外壁(雨幕)发挥的效应来实现的，外壁内、外侧等压，水进不了“等压腔”，就没有水淋到内壁，内壁缝隙周围由于没有水，也就不会发生渗漏。这个设计的核心原理就是外壁(雨幕)内、外侧等压，使雨水进不了“等压腔”，进而实现“等压腔”内部缝隙无水的目标，即通过消除内壁渗漏三要素中水的因素，来达到整体单元式幕墙接缝体系的不渗漏。

在幕墙的实际工作中要完全达到等压是困难的，甚至在某些情况下是做不到的，这是由于外壁上的压力是由风引起的，这种由风引起的压力在时间上和空间上都是动态变化的。由于阵风所形成的风压变化，也使外壁两侧的压力随之变化。在阵风波动的瞬间，外壁内外两侧压力是不等的(即等压腔内压力与腔外压力不相等)，要通过空气流通来平衡，在空气流通时就有可能将幕墙外面的水带入“等压腔”内。风压在幕墙外表的分布也是不平衡的，风压随高度的增加而增加，有时幕墙外表面也有局部(边角、顶部)呈负风压状态，当两个开口处风压不等或一处为正风压另一处为负风压时，等压腔内压力约为两个开口处风压(负风压)的平均值，雨水总是沿着压力降方向渗入，外侧压力大于“等压腔”压力，开口处就会有雨水渗入等压腔。

由此可见，我们在幕墙设计时就应该考虑到雨幕层(外壁)必然有少数偶然渗漏的可能，并使渗入“等压腔”的水能即时排出腔外。这就要求我们在设计单元式幕墙接缝处防水构造时考虑，使外壁具有防止大量雨水渗入和对少量已渗入“等压腔”中的雨水能即时排出的措施。同时我们还必须指出上述分析仅仅是理论上阐述的原理，在实际工程中要完全消灭渗漏三要素中任何一项是很难做到的，但不是说我们面对渗漏就无能为力了，虽然不能达到完全消灭渗漏三要素中的任何一项，但我们可采取措施使渗漏三要素中每一项的作用减少到最低程度。

三、单元式幕墙的全过程质量控制措施

1.幕墙设计阶段的防雨水控制措施

在设计单元式幕墙插接缝处的防水构造时，我们要考虑在板块横(竖)向接缝的外侧设置雨披，并且仅在两个单元组件连接处留一个小开口，使“等压腔”与室外空气相流通，从而维持腔内的压力平衡。这样就形成了一个自上而下、自左到右的连续外壁，雨披沿接缝全长阻止大量雨水渗入幕墙内部，仅开口处有少量雨水渗入，用封口板(集水槽)使沿竖向“空腔”下落的水分层集水，及时进入腔体内的水排至室外面板的外表面，并且我们在设计排水孔时应尽可能远离接缝部位，从而减少缝隙周围水的聚集。同时封口板又将杆件空腔分隔成较短的分隔单元，以减少等压腔与室外的压力差，从而达到减少由开口渗入“等压腔”内雨水的作用。

在外封口板上单元板块上的雨水，会沿板块全高自由下落长驱直入“等压腔”，并形成越往下、水层水量越大的情况。通过将外封口板每层竖向接缝的开口遮挡成为向下的开口构造，在板块间的水平接缝处，用单面打胶的槽形不锈钢板进行封堵，还可以保持每层“腔体”内空气流通，达到水不会由于重力作用下进入腔体内，或者即使在气流的作用下进入腔体内也不会发生渗漏的情况，这就是我们通常所说的用雨披和板块间的“十字封堵”措施来保证“等压腔”的不渗漏。

在设计上采用这些构造的单元式幕墙经数次检测，其水密性均在 2 500Pa 以上，即在室内外压差超过 2 500Pa 时也不发生严重渗漏，气密性达到 $0.05m^3/(m \cdot h)$。

2.单元式幕墙的加工、组装、运输阶段所采取的控制措施

(1)对单元式幕墙应从所采用的原材料入手，特别是对铝型材、玻璃、结构胶等主要材料，应在事前进行材料的报验和抽检，达到图纸、规范及合同所约定的标准后方可进场加工。

(2)对单元式幕墙构件的加工、组装应尽可能采用专用设备并保证生产环境的封闭、洁净；同时车间

的生产人员也应具有熟练的操作技能，并严格按照生产工艺的要求进行操作。加工完成的单元板块，经自检、互检、专业检查验收合格后方可出场。

(3)对已在出场前验收合格的单元板块，我们应从运输和装卸两个环节上加以控制。首先，针对运输环节由于单元板块面积大、重量重的特点，我们应设计专用转运架，使每个架体既能相对独立，又能相互重叠插接在一起，并且要在架体上铺设专用保护毛毯使单元板块与转运架成柔性接触。其次，在装卸车时我们将单元板块按顺序编号并借助叉车、汽车式起重机等专用起重工具，将单元板块叠加放置在安装现场的专用转运架体上。

3.单元式幕墙安装准备阶段所采取的控制措施

(1)由幕墙单位的总工程师组织项目经理、技术负责人、安全负责人根据所承担项目的图纸、规范和工程现场的实际情况编制工程施工组织设计和安全组织设计。

(2)由幕墙分包单位编制完成的施工组织设计和安全组织设计经本单位的总工程师审核完成后，提交工程的总包单位审核确认，涉及重大疑难问题应请各方专家进行论证。

(3)经总包单位审查合格的施工组织设计，应在规定的时间内报请监理单位的项目总监理工程师和业主单位的项目负责人审核确认。

(4)幕墙分包单位的项目经理和技术负责人将审定合格的施工组织和安全组织设计，向承担幕墙安装的各班组进行技术及安全交底，并根据工程的实际有针对性地进行技术培训。

4.单元式幕墙安装阶段所采取的控制措施

(1)幕墙安装单位的测量技术人员，应在幕墙安装前首先要对总包单位提供的基准点、基准控制线进行复测，在角度闭合差、标高闭合差及边长相对误差达到允许值要求的情况下方可使用。

(2)在安装幕墙的建筑物内外设置多级控制网，并对建筑物主体结构进行测量，在发现施工误差大于幕墙安装允许偏差或根据幕墙系统无法调整消除偏差的情况下，应主动与总包单位探讨，协商解决偏差问题。

(3)根据幕墙的安装顺序放出幕墙的垂直分割线，处理或后补各分割线上的预埋件，并对后补的预埋件进行现场拉拔测试，达到设计指标后方可使用。

(4)在主体结构“预埋件”上安装的幕墙转接件应进行横竖、前后各个方向上的调解检查，达到规定的要求后及时锁紧对应的螺栓，并检验螺栓的锁定值是否达到设计指标的要求。

(5)由总包、监理单位会同幕墙安装单位，共同对幕墙的吊装起重设备进行使用前的安全测试和安全检查，合格后方可允许使用。

(6) 幕墙的吊装插接应严格按施工组织设计和安全组织设计执行，并对安装完成后幕墙的“十字封堵”和防雷系统进行必要的检验和检测。

(7)对幕墙的防火封堵过程，要从原材料的进场报验和施工过程的检查验收各个环节加以严格控制，其中对重点部位和过程还要进行必要的“见证”和“旁站”检查。

5.单元式幕墙成品保护所采取的控制措施

(1)单元式幕墙在安装过程中和安装完成后，应采取必要的防护措施并粘贴醒目的警示标志以防高空坠落物和物体打击。

(2)幕墙的面层要采取必要的防护措施，防止施工过程中电焊火花的烧伤和其他化学品的污染，特别是在交付使用前应进行擦洗保洁时及时清除幕墙的保护膜和在幕墙框架上堵塞“等压腔”通气孔的杂物。

四、结束语

单元式幕墙作为现代高层和超高层公共建筑的外围护结构，在我国起步时间还比较晚，与其他发达国家相比，无论在材料上还是在技术上都存在一定的差距，随着社会的进步和新材料、新技术的推广使用，我们对单元式幕墙的防雨水原理和质量控制措施的认识，将会随着实践的深入，而得到进一步的完善、丰富和发展。

参考文献

[1]建筑幕墙(JG3035).

[2]玻璃幕墙工程技术规范(JGJ102).

[3]建筑装饰装修工程质量验收规范.(GB 50210-2001).

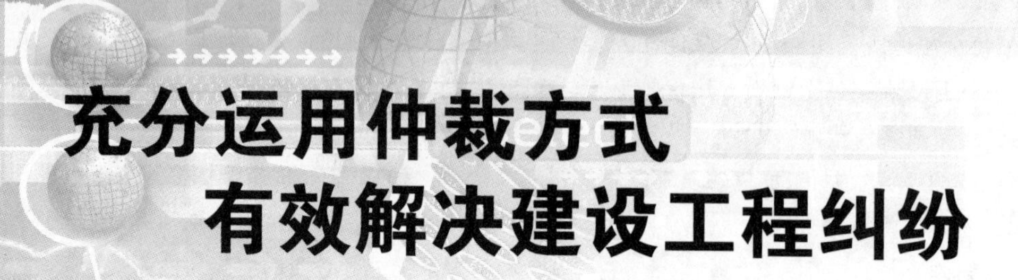

充分运用仲裁方式 有效解决建设工程纠纷

◆ 王红松

(北京仲裁委员会，北京 100022)

一、建设工程法律纠纷的特点

建设工程作为一种特殊的产品，在其生产和管理活动中具有周期长、专业性强、涉及面广、形势变动大、情况复杂等特点，是争议频发的领域。建筑工程争议的迟延解决将转移当事人在工程上的注意力，对双方关系造成负面影响，迟延或中断工作，并导致冲突的升级，使双方越来越想打架。因此，在建设工程争议发生时，如何选择有效的争议解决方式，在最短的时间，以最小的成本，公平合理地解决纠纷是所有建设施工单位考虑的首要问题。下面主要结合北仲的情况，介绍选择仲裁解决建设工程纠纷的优势。

二、仲裁处理建筑工程纠纷的优势

1.效率

建筑工程对时间要求高，工程延误损失巨大。因此，工程纠纷出现后，当事人希望寻找有效手段迅速解决纠纷。而仲裁实行一裁终局，仲裁裁决自做出之日就产生法律效力。如果一方当事人不履行仲裁裁决，另一方可直接申请法院强制执行，制度上节省了程序上的时间。仲裁机构由当事人选择，没有垄断，这种竞争机制使仲裁机构有追求公正、提高效率的内在动力。如北仲截至2008年12月15日，审结的13 032案件占受理案件总数93.3%，平均每个案件从组庭到结案67d，审结的建筑工程案件2 573件占所受理建筑工程案件的92%，平均每个工程案件从组庭到结案98d。仲裁收费对争议金额大的案件具有比较优势。如果考虑机会仲裁快捷减少的机会成本，则其比较优势更为明显。除此之外，对于债权债务明确，双方争议不大的案件，通过简易仲裁程序可以在2~3个工作日做出裁决。与以其他几种法律途径较快取得债权法律文书方式相比较，其快捷的优势更为明显。节省的不仅是金钱，还提高了裁决执行的概率。另外，由于为了鼓励当事人尽快和解解决争议，北仲在退费上采取优惠措施，当事人和解撤案越早退费越多。在此鼓励下，北仲案件当事人自动和解的案件有3 081件，占案件总数的23.64%，平均每个案件从立案到和解平均为××天。90%以上当事人自动履行，其所花费争议成本用不到正常收费的×%。

为了简便、快捷解决争议，北仲的15个仲裁庭均配有远程视频会议装置，有的配有同声传译设施。可实现仲裁庭异地开庭、质证、评议等项功能，节省费用，提高办案效率。

2.专业

建筑工程纠纷涉及面广，技术性强，争议内容复杂。而仲裁具有专家办案特点，仲裁员来自各个行业专业人士，建筑工程案件当事人可选择请建筑工程领域专家解决纠纷。北仲共有建筑工程专业仲裁员101名，从学历上分：博士占20%，硕士占39%，本科占41%；从职业上分：经贸领域专家占39%，律师占27%，从事教学、研究的占18%，行业管理部门法务人员占13%，退休法官占3%。这些专家精通建筑工程的法律、法规、规章、政策，熟悉这个建筑行业的惯例、规范、技术标准，了解行情及最新变化，对案件事实的判断可能更专业，不容易偏离行业的通常标准，不会出现因外行人断案而产生令当事人出乎意料的问题。内行人办案，不仅容易与当事人、代理人进行专业上的沟通，很好理解争议中复杂的专业技术问题，而且使当事人对审理结果有明确的预期，有利于纠纷顺利解决。

为了提高仲裁员专业水平和办案能力，北仲定期举办仲裁员培训、仲裁员沙龙、仲裁员专业小组讨论，聘请国内外建筑工程争议解决专家举行专题讲座。

北仲成立以来发展迅速，受理案件持续增长，其中建筑工程争议案件占案件总数的20%，其标的占争议总金额的44%。按工程性质划分，各类建筑工程纠纷所占比例依次为：民用房屋建筑纠纷占53%，公共建筑工程纠纷占28.7%；工业厂房工程纠纷占9.33%；市政设施工程纠纷占3.2%；铁路、桥梁、港口、码头等基础设施工程纠纷占2.6%，其他工程争议占3.17%，在处理不同类型的建筑纠纷案件方面积累了宝贵经验。北仲从2004年开始制定了规范造价鉴定单位鉴定事宜的《北京仲裁委员会关于工程造价鉴定机构及其鉴定工作的暂行规定》和《北京仲裁委员会关于审理建设工程纠纷案件造价鉴定程序的一般规范》，为仲裁庭处理工程造价鉴定提供指导，缩短了造价鉴定的期限，提高了鉴定的质量和效率。

3.程序灵活

建筑工程领域是市场化、国际化程度高、技术创新快的领域，工程争议的复杂性、当事人主体及法律关系的多样性不仅要求争议处理程序要保持相对的灵活、包容和开放，而且，争议处理机制尽量多样化，以便当事人对解决争议的不同要求。而仲裁中当事人有更多选择权，可以选择仲裁机构、仲裁员、仲裁程序、仲裁方式，通过选择，事先确定案件管辖，推进争议解决的进程。一个大型工程项目可能涉及十几个合同，如果采用诉讼方式，根据地域管辖、级别管辖原则，可能由不同地区、级别的法院受理其合同争议，如果通过仲裁条款选定仲裁机构确定下来，就避免了将来当事人在法院管辖上的扯皮，而且可有效防止仲裁审理中的地方保护和行政干预。同时，当事人可以在协议中明确选择同一个仲裁庭成员，使相关联的合同纠纷合并审理，避免因不同法庭审理可能出现的彼此矛盾的判决，或由此带来的拖延。工程纠纷涉及许多新情况、新问题、新型法律关系，在诉讼中可能因为没有相应法律规定，难以妥善处理。仲裁是“根据事实，符合法律规定，公平合理”地解决纠纷。仲裁庭在没有法律情况下，可以适用行业规则、惯例、法理进行探索创新，做出自己的专业判断，公平合理地解决纠纷。

仲裁制度灵活，仲裁机构可根据市场需求进行争议解决机制方面的创新。如北仲制定新的独立的调解规则，并于2008年4月1日开始施行。独立调解制度特点：范围不受协议范围的限制、调解员实行推荐制；调解费用低、调解协议可通过简易仲裁程序转换为裁决书、调解书。这种商事调解强调调解员的专业性，调解员要帮助双方当事人相互倾听并关注根本的利益与目标，从而促进合作，实现更多的潜在利益。目前，北仲已经受理3件调解案件，成功调解2件。

2008年5月1日起，由国家发改委、住房和城乡建设部、信息产业部等9个部门联合制定的《<标准施工招标资格预审文件>和<标准施工招标文件>试行规定》正式实施，在规定附件的建筑施工合同文本中，规定了争议评审程序。为了配合争议评审制度的实施，北仲起草了《北京仲裁委员会争议评审规则》，供当事人参考适用。争议评审程序是由作为第三方的争议评审组，在合同履行早期积极介入，在争议发端之时便着手处理，以相对快捷高效的“细致分割”的方法解决问题，实现包括争议解决成本在内的成本最小化。这种纠纷解决机制在国际工程领域非常流行，世行、亚行贷款要求签订的FIDIC条款，将此作为一种前置程序。据爱尔兰工程院院士波尼教授2004年介绍，在合同总价值超过60亿美元的100多个工程合同中，都使用了争议评审方式，其中有98个通过调解解决。

4.保密

仲裁实行不公开审理的原则，仲裁立案、审理、结案都是保密的，没有当事人的同意其他人不能参与，仲裁裁决不能报导。而且，经过双方同意仲裁裁决可以只写结果不写理由，有效保护当事人信息。诉讼审理公开媒体可以报导，法院判决放在网上，其他人可以查询。这对上市公司来说，一些敏感信息透露，可能引起股票波动、财富缩水。

5.仲裁裁决的国际执行力

工程纠纷具有跨地域特点，这些年随着国内建筑市场国际化，以及中国企业走出国门，将面临更大的国际工程争议解决的风险和挑战。北仲近年来受理的国际商事案件快速增长，共受理国际商事仲裁案件325件，2004年前总共101件，从2004年至今则达到了224件，占国际商事案件的69%。其中国际建筑工程案件占国际商事案件的5%。北仲仲裁员中有57名是来自13个国家和地区的外籍仲裁员。有20多个来自中国香港、中国台湾地区的仲裁员，同时，北仲的规则规定当事人可以在名册外选择仲裁员，以满足国际商事仲裁案件当事人选择外籍仲裁员的需要。

另外，仲裁裁决国际承认执行力度大，根据《承认及执行外国仲裁裁决的公约》(即1958年“纽约公约”)，公约的所有缔约国都有义务执行其他缔约国的仲裁裁决，我国也是缔约国之一，我国的仲裁裁决可以在142个成员国（包括了几乎所有发达国家和地区）得到承认和执行，使得仲裁的裁决执行具有国际性，为当事人的合法权益提供了有力的保障。

总之，建筑工程纠纷是北仲的核心业务，多年来，北仲秉承现代商事仲裁理念，积极探索多元化解决纠纷的机制和方法，锐意进取，开拓创新，力争在公正及时解决建筑工程纠纷，保障建筑市场健康发展方面做出更大的贡献。

融会国际建造标准 贯通国内重点工程

“CIOB标准在北京奥运建设中的最佳实践”论坛在京召开

1月9日，由英国皇家特许建造学会(CIOB)中国区主办的“CIOB标准在北京奥运建设中的最佳实践”论坛在北京开幕，第五届CIOB中国全体会员大会同期举行。本次论坛以CIOB标准为主线，回顾CIOB会员在参与设计建造这些项目时运用的最佳实践，共同促进我国建筑业的改革与发展。

本次论坛不仅是对CIOB标准的一次总结，更是中国建筑业高速发展的见证。中国的建筑业需要结合国内外共同的经验，尤其在工程技术、人才引进等方面应携手合作。来自全国各地的CIOB会员及有关部门代表300余人参加大会。论坛还邀请多位CIOB会员、奥运工程和北京重点工程的设计建造者分享各自建设经验。

CIOB首席执行官克里斯·布莱斯先生在欢迎辞中谈到国际建筑市场最新趋势和CIOB的全球改革与发展，他认为在2009年国际金融危机的形势下召开本次大会，对于整个建筑业而言尤为重要，因为在全球经济一体化的趋势下，所有的建筑活动都受到全球经济的影响。

今年，CIOB将迎来成立175周年、进入中国20周年的庆典。作为主要由从事建筑管理专业人员组织起来的社会团体，CIOB目前在全世界超过100多个国家中拥有超过43 000名会员。在第五届CIOB中国全体会员大会上，CIOB中国主席、中国建筑股份有限公司总裁易军以及CIOB历任中国主席与新老会员一起回顾CIOB在中国的发展历程及未来展望。

（张礼庆供稿）

建筑施工合同诉讼纠纷中的诉讼时效(二)

兼对《最高人民法院关于审理民事案件适用诉讼时效制度若干问题的规定》的解读

曹文衔
(上海市建纬律师事务所,上海 200050)

六、合同变更和撤销的请求权以及工程款优先受偿请求权适用除斥期间的规定,不适用诉讼时效抗辩

《合同法》第54条规定,当事人一方有权请求人民法院或者仲裁机构变更或者撤销下列合同:(一)因重大误解订立的;(二)在订立合同时显失公平的;(三)对方以欺诈、胁迫的手段或者乘人之危,使一方在违背真实意思的情况下订立的。当事人依据上述法律规定享有的一定条件下的合同变更或撤销的权利统称为合同撤销权。《合同法》第55条又规定,发生下列情形之一的,撤销权消灭:(一)具有撤销权的当事人自知道或者应当知道撤销事由之日起一年内没有行使撤销权;(二)具有撤销权的当事人知道撤销事由后明确表示或者以自己的行为放弃撤销权。《合同法》第286条规定了承包人对于届期工程款的优先受偿请求权,又称建设工程价款优先受偿权。但根据最高法院2002年6月20日公布的法释【2002】16号批复第四条的规定,承包人行使优先权的期限为六个月,自建设工程竣工之日或者建设工程合同约定的竣工之日起计算。上述规定表明,承包人工程款优先受偿请求权在六个月内不行使的,权利归于消灭。因此该期限规定与《合同法》第55条有关撤销权不行使归于消灭的一年期间在法律上具有相同性质,即均属于法律上的权利除斥期间。

实践中,对于权利人实体权利行使的影响而言,除斥期间与诉讼时效的主要区别在于:第一,除斥期间一般是不变期间,不能像诉讼时效那样可能因任何法定事由而中止、中断或者延长。第二,除斥期间由人民法院依职权予以适用,不论当事人是否主张,而诉讼时效则是只有在当事人主张时,人民法院才予以适用。

根据司法解释第七条规定,享有撤销权的当事人一方请求合同

撤销的,应适用《合同法》第55条关于一年除斥期间的规定,对方当事人对撤销合同请求权提出诉讼时效抗辩的,人民法院不予支持。因此,虽然司法解释未对工程款优先受偿请求权是否适用诉讼时效抗辩做出明确规定,但根据基本的法理逻辑进行推论,对于法律规定了除斥期间的权利,人民法院在裁判时不适用诉讼时效。所以,合同变更和撤销的请求权以及工程款优先受偿请求权适用除斥期间的规定,不适用诉讼时效抗辩。

由于现实中施工承包人的市场地位一般较弱,在建设工程施工合同的订立过程中,常常出现显失公平等情形;在合同履行过程中也经常出现发包人拖欠工程款的情况。上述分析,特别是有关除斥期间不适用中断、中止和延长的法律规则,提醒承包人,如果符合法定的行使合同变更或撤销请求权的情形,承包人如果未能与发包人就合同变更协商一致,务必要在合同签订后的一年内,行使合同变更或撤销请求权。在发包人拖欠工程款的情况下,即便发包人已经确认拖欠款项的金额,甚至承诺了还款期限,承包人也应在最高法院法释[2002]16号批复第四条规定的建设工程竣工之日或者建设工程合同约定的竣工之日起六个月内向人民法院或者仲裁机构提出行使工程款优先受偿请求权的诉讼或仲裁。此外,鉴于工程款优先受偿请求权的行使期限只有六个月,笔者建议,承包人应当尽早完成并向发包人提交工程结算资料。在合同订立时,特别警惕合同中是否存在有关竣工验收六个月后发包人再支付工程价款(当然保修金部分除外)的约定。因为上述约定实际上排除了承包人在法律规定的除斥期间内的工程款优先受偿请求权。

七、在非诉讼、非仲裁方式下如何发出催讨工程款文件方可产生诉讼时效中断的法律效力?

《民法通则》第140条规定,诉讼时效因提起诉讼、当事人一方提出要求或者同意履行义务而中断。从中断时起,诉讼时效期间重新计算。而司法解释第10条对于"当事人一方提出要求"的方式被司法认定产生诉讼时效中断效力的情形进行了具体规定。其中,对于承包人催讨工程款而言适用的情形一般有:以直接送交、邮寄送达或数据电文方式或媒体公告方式向发包人主张支付工程款的权利。但是,承包人应当注意采用上述几种方式时的技巧,以免日后通过诉讼主张权利时难以举证或者举证不充分。

(一)权利人以直接送交文件或者发送信件方式主张权利时,应当要求对方(发包人通常是单位)在文书上盖章;不能盖章的,应当要求对方收件人签收。签收人最好是其法定代表人、主要负责人、负责收发信件的部门或者被授权主体。实践中,容易出现问题的情况包括:文件上的收件人写成对方法定代表人之外的其他个人;送件地址不是对方确认或者工商行政登记的法定地址或经营场所;实际收件人的身份不能被确定是对方单位的法定代表人、主要负责人、负责收发信件的部门或者被授权主体;收件人未签署收件日期;收件人只在信封上留有签收记录,但难以证明信封内文件是主张债权的文书;委托他人代为签发主张权利文书(主要是委托律师发送律师函)但未附送授权委托书。

权利人为了取得充分的证据证明以直接送交文件或者发送信件方式向对方提出过权利主张,可以采取如下措施:

在装有权利主张文件的信封上注明文件标题和文号;向包括对方法定营业地址、合同约定的对方收件地址、履行合同过程中对方经常实际接收文件的地址同时发送权利主张文件;文件上的收件人写明对方法定代表人、主要负责人姓名,同时写明对方单位名称;提醒收件人签署收件日期;委托他人代为签发主张权利文书时同时附送授权委托书;特别重要的权利主张文件,宜通过挂号、EMS甚至公证方式送达,并及时向邮政部门索取邮寄和送达凭证(根据邮政部门的相关规定,发件人查询挂号函件送达凭证的时间为邮寄后一年内。超过一年时限的,相关凭证邮政部门不再保留)。

(二)权利人以发送数据电文方式主张权利时,应当获得数据电文到达或者应当到达对方当事人的证据。根据《合同法》第11条的规定,所谓数据电文,包括电报、电传、传真、电子数据交换和电子邮件。在建筑工程施工合同的履行现实中,数据电文主要指传真和电子邮件,传递工程结算书时,有时采用提交电子文件、计算机软件的电子数据交换形式。在目前普遍采用的通信交流方式下,手机短信、MSN、QQ等网络通信方式一般也被认为属于电子数据交换的形式,但

由于合同法中未明确规定手机短信、MSN、QQ等网络通信方式属于数据电文,为避免对证据形式的合法性产生争议,笔者建议承包人尽可能避免使用此类方式向对方主张权利。根据《合同法》第16条的规定,数据电文到达或者应当到达对方的证据通常包括:向收件人指定的特定系统发送数据电文的,该数据电文进入该特定系统的时间和信息记录;收件人未指定特定系统的,为该数据电文进入收件人的任何系统的首次时间(视为到达时间)和信息记录(包括发件人特定系统显示的发送成功信息记录、收件人特定系统自动回复或收件人主动回复已接收该数据电文的信息记录)。所谓收件人指定的特定系统,一般指合同中约定的收件人接收数据电文的传真号码、电子邮箱;所谓收件人的任何系统,一般指在未约定收件人特定系统的情况下,发件人能够证明属于收件人接收数据电文的系统。实践中,通常以经查证属实的履行合同过程中对方多次实际接收传真、邮件的传真号码、电子邮箱或者对方在公司网站、公文信笺、信封、宣传资料等对外公开的信息中公布的传真号码、电子邮箱等。

(三)权利人以媒体公告方式主张权利时,应当注意适用的前提条件是:第一,对方当事人下落不明;第二,公告媒体应当是国家级媒体或下落不明一方住所地的省级有影响的媒体。

(四)通过对司法解释第10条的规定进行分析还发现,司法解释强调权利人主张权利的文件应当到达对方当事人。因此,承包人作为权利人主张权利时,一定要确保对方收到相关文件的时间在诉讼时效期间届满日之前,最迟为届满日当日。诉讼时效期间的届满日是法定休假日的,根据《民法通则》第154条的规定,以休假日的次日为诉讼时效期间届满日;届满日的截止时间为当日24时。有业务时间的,到停止业务活动的时间截止。因此,权利人如果在诉讼时效期间临近时送交权利主张文件,应当特别注意上述规定,以免错过诉讼时效期间。

(五)承包人在主张工程款权利时,所主张的权利内容应当明确。所谓权利内容明确,一般要求:第一,主张发包人应付的工程款金额明确,即便在合同双方尚未就应付款项的金额达成一致的情况下,承包人也要就自己一方认为对方应付的款项金额提出明确的主张。第二,在发包人存在多种性质的款项拖欠时,承包人应当在主张的权利内容中明确主张支付的款项的性质,避免将不属同一性质的债权混为一谈,导致日后诉讼举证时出现权利主张不明的争议。基于上述承包人主张工程款时应当明确权利内容的考虑,承包人在接受发包人每一笔付款、出具收款凭证时,就应当注意在收款凭证上标明已收款项的性质。特别是当发包人支付的某笔款项包含两个或两个以上性质的款项时,承包人更宜分别标明已收款项的性质和各自的对应金额。

(六)根据司法解释第11条的规定,权利人对同一债权中的部分债权主张权利,诉讼时效中断的效力及于剩余债权,但权利人明确表示放弃剩余债权的情形除外。实践中,承包人在未做好诉讼准备或基于其他原因暂时不采取诉讼方式追索工程欠款的情况下,可以充分利用上述规定,先主张部分债权,并不明示放弃剩余债权。比如,在发包人故意拖延确认工程欠款金额的情况下,可以先就双方无争议的部分工程款,或者发包人单方面认为的最低金额工程款发出催款文件。在运用上述规定时,应特别注意把握同一债权的概念(有关建设工程合同中同一债权的判别,请参见刊载于《建造师》第12期的本文上半部分)。对于不属于工程款同一债权的发包人违约金、损害赔偿金、为甲供材料采购垫付的材料款等款项,承包人应当另行主张权利。

(七)根据司法解释第17条的规定,对于连带债务人中的一人发生诉讼时效中断效力的事由,应当认定对其他连带债务人也发生诉讼时效中断的效力。因此,在承包人对于发包人的工程款债权还存在与发包人付连带责任的其他债务人(比如发包人工程项目的合作开发人)的情况下,承包人可以向其他连带债务人提出债权要求。

(八)在诉讼时效期间即将届满,承包人因故无法及时向发包人发出权利要求文件并确保该文件及时到达发包人,或者难以及时按照合同约定向有管辖权的法院起诉、约定的仲裁机构仲裁的紧急情况下,承包人还可以充分利用司法解释第12条、第14条或第15条的规定,就近向承包人所在的人民法院提交起诉状;或者向依法有权解决相关民事纠纷的国家机关、事业单位、社会团体等社会组织提出保护相应民事权利的要求,比如向发包人所属的行业协会、上级主管机关提出权利保护要求,诉讼时效从提交起诉状或提出请求之日起中断;或者就近向公安机关、检察机关、人民法院报案或者控告，请求保护民事权利，诉讼时效从其报案或者控告之日起中断。上述机关决定不立案、撤销案件、不起诉的，诉讼时效期间从承包人知道或者应当知道不立案、撤销案件、不起诉之日起重新计算。

八、如何判别发包人的行为构成产生诉讼时效中断法律效力的“同意履行义务”？

司法解释第16条规定，义务人做出分期履行、部分履行、提供担保、请求延期履行、制定清偿债务计划等承诺或者行为的，应当认定为《民法通则》第140条规定的当事人一方“同意履行义务”。

工程合同实践中，拖欠工程款的发包人一方往往单方面做出某些承诺。这些承诺通常是在合同约定的发包人付款方式、付款期限甚至付款金额之外要求延期履行或者减免发包人的部分履行义务。如果这些承诺明确包括分期履行、部分履行、提供担保、请求延期履行、制定清偿债务计划等同意履行义务的内容，而且不附加承包人应履行义务的前置条件，无疑将产生诉讼时效中断的法律效力。但实践中还经常存在另一类情形，即：发包人的承诺包含了某些前置条件，比如，在承包人同意按照某项计价方式计价的条件下，发包人承诺在未来某一日期前付清双方按该方式计价确认的工程价款余款(若有)。笔者认为，对于此类承诺，需要从承诺的目的、具体含义是否实质性构成同意履行义务的意思表示来分析、判断是否构成产生诉讼时效中断法律效力的发包人“同意履行义务”。在上例中，发包人事实上为自己的承诺付款设置了两个前提条件：一个是承包人同意按照某项计价方式计价；另一个是按该方式计价后经双方确认工程价款还有余款未付。也就是说，发包人承诺的具体含义是：如果承包人不同意按照某项计价方式计价，则发包人不承诺付款；或者如果承包人虽同意按照某项计价方式计价，但双方中任何一方未确认发包人尚有余款未付，发包人也不承诺付款。因此，本例中发包人承诺的目的在于，通过主张以其他方式计价，并据此计价结果结算工程款，来否定承包人提出的计价方法和计价结果，进而否定发包人目前负有继续付款的义务。所以，上述发包人承诺不构成《民法通则》第140条规定的当事人一方“同意履行义务”。当然，笔者也认为，并非所有的附条件承诺均不构成承诺方“同意履行义务”。比如，案例A：某发包人承诺，在承包人同意在结算工程价款总额的基础上优惠5%的条件下，发包人同意将剩余工程款的95%于未来某一日期前支付给承包人；又比如，案例B：某发包人承诺，在承包人于未来完成某追加附属工程施工的前提下，发包人同意按照已经确认的工程结算金额将全部工程尾款支付给承包人。案例A中，发包人的承诺表明，发包人承认即便是发包人要求承包人减免部分工程款的条件得到满足的情况下，发包人也确实存在剩余工程款尚未支付，也同意支付，只是要求承包人减免部分工程款。因此发包人的承诺实质上构成对义务部分履行的承诺。案例B中，发包人的承诺则表明，其对工程结算金额已经确认，而且尚有工程尾款未向承包人支付，只是付款时间延迟至承包人完成某追加附属工程施工的日期之后。因此发包人的承诺实质上构成对义务延期履行的承诺。

此外，承包人还应注意以下方面。第一，发包人的承诺应由具有相应职权的发包人授权代表做出。实践中，有权做出履行义务承诺的发包人授权代表通常是发包人的法定代表人、主要负责人，或者施工合同中约定的发包人负责履行合同的项目代表。发包人参与项目管理的普通工程师等一般技术人员、行政人员和其他辅助人员，除非有发包人的明确授权，不视为发包人的代表。如果发包人的承诺是在承包人与发包人之间召开的会议中做出的，有关会议纪要应当由发包人对其内容予以认可。第二，根据司法解释第22条的规定，诉讼时效期间届满，发包人向承包人做出同意履行义务的意思表示或者自愿履行义务后，又以诉讼时效期间届满为由进行抗辩的，人民法院不予支持。上述规定表明，在诉讼时效期间已经届满的情况下，承包人仍有可能通过适当方式取得发包人对于工程款债权的确认和延期履行、分期履行、部分履行等同意履行义务的承诺，以重新获得诉讼时效利益。第三，发包人的承诺应当针对承包人做出。如果发包人的有关承诺内容是针对承包人以外的第三人做出，除非该第三人与承包人一道构成发包人的连带债权人，不发生发包人对承包人的承诺。因为，根据司法解释第17条的规定，对于连带债权人中的一人发生诉讼时效中断效力的事由，应当认定为对其他连带债权人也发生诉讼时效中断的效力。

对外承包工程发展现状、存在问题与治理建议

兰　若

(中国社会科学院，北京 100836)

经过改革开放 30 年发展，对外承包工程已经与境外投资、外派劳务一起，成为我国对外经济合作的主要方式之一，在促进国民经济发展和扩大对外开放中发挥着日益重要的作用。

一、发展现状

我国对外承包工程经历了三个发展阶段：改革开放初期为起步阶段，我国企业从受援国的小型现汇项目开始，逐步承揽以外方为业主的境外工程项目；20 世纪 80 年代为稳步发展阶段；1990 年后步入快速增长阶段。进入 21 世纪以来，随着我国经济实力不断增强，对外开放水平不断提高，对外承包工程也进入快速发展时期。近年来，我国对外承包工程发展呈现以下特点：

(一)大项目数量快速攀升。2002 年，我国超亿美元项目数只有 19 个，2005 年上升到 49 个，2007 年达到 138 个，2008 年前 11 个月就达到 171 个。最大项目金额从 4 亿多美元上升到 10 亿美元以上。其中，2006 年承揽的尼日利亚铁路现代化项目金额达到 83 亿美元，是我国对外承包工程金额最大的项目。2007 年承揽的安哥拉社会住房项目和 2008 年承揽的利比亚海岸线铁路项目，金额也分别达到 35 亿美元和 18 亿美元。

(二)业务规模增长迅速。2003~2007 年，我国对外承包工程营业额和合同额年均增长速度分别达到 31%和 45%。2007 年，对外承包工程新签合同额 776 亿美元，比 2003 年增长了 3.4 倍；完成营业额 406 亿美元，增长了 1.9 倍。2008 年以来，对外承包工程继续保持快速发展势头，1 月~11 月，新签合同额和完成营业额分别达到 880 亿美元和 471 亿美元，同比分别增长 41%和 42%。截至 2008 年 11 月底，我国对外承包工程累计签订合同额 4 071 亿美元，累计完成营业额 2 536 亿美元。

(三)工程项目结构不断优化。房屋建筑等劳动密集型土木工程项目一直是我国对外承包工程业务主项目，2007 年两类项目营业额占总营业额的 25%。但随着我国企业实力不断壮大、技术层次不断提升，制造加工、石油化工、交通运输、电子通信和电力工业等资金技术密集项目不断增加。2007 年，上述五类项目完成营业额 255 亿美元，占总营业额的 63%。

(四)市场多元化格局开始起步。目前，亚洲、非洲仍然是我国对外承包工程主要市场，2007 年在两地市场营业额达到 328 亿美元，占营业总额的 81%。但是对欧洲、拉丁美洲、北美洲和大洋洲业务也开始起步，目前业务范围已经拓展到 180 多个国家和地区，初步形成了亚非市场为主、其他市场为辅的发展格局。

对外承包工程业务的快速发展，带动了国内设备和料件出口，扩大了就业空间，对于发挥我国建筑业技术、资金和劳动力比较优势、促进国内产业结构调整和产业向外有序转移、缓解我国经济发展的资源瓶颈，发挥了重要作用。同时，一些大项目在当地陆续实施，带动了当地就业和经济社会发展，赢得了东道国政府和人民的广泛赞誉，充分体现了我国坚持互利共赢、推动构建和谐世界的外交理念，进一步巩固了我国与广大发展中国家的友好合作关系。我

国企业也在对外承包工程业务中快速壮大，截至目前，我国具有对外承包工程经营资格的企业已近3 000家，部分企业已初步具备了与国际大承包商抗衡的实力。2008年，我国51家企业入选世界最大225家承包商。其中，13家跻身百强。

二、存在问题

总体而言，我国对外承包工程发展势头良好，但也面临不少困难和问题。

（一）企业经营行为不规范。与发达国家跨国企业相比，我国对外承包工程起步晚，基础薄，企业经营水平整体偏低，在经营理念、风险评估、项目管理、决策机制等方面与国际先进水平存在较大差距。特别是个别企业管理不善，违法违规操作，诚信意识较差，将国内经营管理中的一些弊端和陋习带到国外，使项目质量、安全水平和工程工期难以得到保证。少数企业社会责任意识淡薄，片面追求经济利益，不尊重当地风俗习惯和宗教信仰，不重视劳动和环境保护。由于缺乏核心竞争力，往往采取低价竞标等竞标手段，特别表现在通信、资源、工程等领域，由于报价过低、工期过短导致项目执行难度增加，难以达到预期目标，对外造成不良影响。个别企业为经济利益驱使，甚至不顾政治影响和对外关系大局，擅自涉足敏感领域或当地内部尚有争议项目，陷入矛盾纠纷。对于合作中出现的意见分歧，一些企业往往简单处理或久拖不决，引起外方不满。

（二）项目拖期、质量安全问题间或发生。我国对外承包工程项目总体是好的，但也有个别项目因管理脱节、组织施工不力、内外协调不畅等因素，导致工期拖延。个别项目甚至拖期严重，引起所在国政府高层不满。有的项目还存在不同程度的质量安全隐患，特别是在东道国相关法规缺失、缺乏第三方监管的情况下，有的企业对于项目可行性和设计方案没有认真评估，盲目承接，降低生产要求和安全标准，从而导致项目无法执行完毕或出现质量事故，影响国家对外合作形象。

（三）劳务纠纷和群体性事件时有发生。近年来，我国公民通过各种渠道和方式出境务工人数快速增长，目前在外各类劳务人员已经达到75万人，纠纷和突发事件开始增多。特别是去年以来，在对非洲承包工程项目的外派劳务发生多起群体性事件，涉及人数越来越多，矛盾也越来越激化。外派劳务人员采取静坐、游行、请愿等方式，有的甚至与当地警察发生冲突、阻断交通。境外劳务纠纷和突发事件频发，严重影响了我国对外形象，引起了党和国家领导人的高度重视。为了落实党和国家领导人的批示精神，规范对外经营秩序，商务部在2008年6月份专门召开了全国处理境外纠纷及突发事件电视电话会议。

（四）境外资产和人员安全问题日益突出。随着对外投资与合作业务规模不断扩大，人员不断增多，我企业和人员在境外遭遇抢劫、恐怖袭击等安全事件呈上升趋势。部分我重点投资合作国家政局动荡，由于我国与所在国政府合作关系良好，我国企业人员和项目成为反政府武装打击的目标，如我国企业在尼日利亚、巴基斯坦、埃塞俄比亚等国遭受恐怖袭击。此外，部分国家治安状况恶化，如在南非和肯尼亚等国，我国企业和人员遭抢劫事件频发。

三、原因探析

对外承包工程领域存在的问题，既有中方的问题，也有外方的问题；既有制度不健全、政府层面管理不到位的问题，也有市场体系不完善、企业经营不规范的问题；既有长期以来粗放型经济发展方式累积的矛盾，也有短期内宏观经济政策环境变化因素。具体来说，主要有以下方面原因：

（一）管理责任落实不到位。对外承包工程涉及中央、地方、企业和东道国四个管理环节，特别是在东道国环节，对外工程项目的实施，需要双方政府部门从两国经贸关系全局出发，统筹协调安排项目计划，搞好双边法律、规划和制度衔接，但是在实际运行过程中，国内相关部门协调配合不够，国内与国外没有形成有效互动，导致监管缺位。目前，我国很多外派劳务项目是在对外承包工程项目下实施的，但在外派劳务环节同样存在出境渠道多、合同管理不规范、乱收费等问题，多数外派劳务企业通过中介招聘劳务，对劳务人员层层收费，甚至违规收取保证金，当劳务人员出境后发现收费与收入严重不相称时，就会爆发劳务纠纷。部分非法中介甚至虚构劳务项目，通过办理旅游、商务等签证安排人员出国务工，造成无工可务。因此，构建从国内到国外分工明确、责任到位、上下联动、内外互补的业务管理链条，实现对承包工程和劳务项目全程跟踪管理，是规范对外工程承包领域经营秩序的首要环节。

(二)法律制度建设相对滞后。由于对外投资合作长期没有出台法律，对企业行为的规范不全面、不具体，对违法违规行为缺乏有效监管和处罚手段。去年，国务院出台了《对外承包工程管理条例》，明确了对外工程承包的管理责任、业务经营资格、处罚办法等相关措施，这对于规范对外承包工程经营将发挥重要作用。目前，围绕《条例》的出台，应当抓紧制订出台对外承包工程企业经营资格、项目投(议)标、质量安全等方面的配套规章制度，尽快形成完整的对外承包工程管理体系。同时，还应当积极推动《对外劳务合作管理条例》和《境外投资管理条例》等配套规定出台，从制度层面构建对外合作管理和支持体系，促进各项业务长远健康发展。

(三)公共服务不到位。目前对外投资合作服务体系建设滞后，远远不能满足企业“走出去”需要的信息咨询、法律援助、安全保障、人员培训、行业组织建设等多方面的迫切要求。在对外承包工程方面，对外承包工程保函风险专项资金、优惠出口买方信贷规模上不能满足业务发展需要，项目融资单纯依靠出口信贷，渠道单一、手续繁杂、成本较高；出口信用保险费率高，信用保险覆盖率不够广，风险评估尺度偏紧，险种少，对市场开拓与业务创新缺乏必要的倾斜。尚未建立面向企业的国际承包工程信息服务体系，人才培训没有实现制度化、经常化。这些政策和服务瓶颈都限制了对外承包工程业务的长远发展。

(四)企业总体竞争力低。我国对外承包工程企业总体实力与国际领先承包商相比仍有较大差距。2007年，我国入选世界最大225家承包商的企业平均完成营业额仅为该名单平均水平的1/3。从微观层次看，企业决策机制和考核制度不完善，项目管理、成本控制、风险防范能力弱，纠纷处理等方面经验不足，业务发展模式落后，对人才培养重视不够、投入不足，熟悉国际市场技术标准、操作规范和运行规则的复合型人才严重缺乏。总的来说，对外承包工程问题，实质是企业缺乏核心竞争力、市场体系建设不完善的直接结果，也是我国粗放型经济发展方式在承包工程领域的体现。

(五)东道国法制不健全。由于我国对外承包工程市场主要集中在亚非市场，服务对象主要是发展中国家。在这些国家，都不同程度存在法律体系不完善、政府管理效能低、不能及时履行合同规定等问题，这也是导致对外承包工程项目出现问题的重要原因之一。比如，有的国家未能及时办理换文、迟迟难以确定建设场地、不能按时完成设计审查、未能按期或无力完成由其承诺的相关合同义务。还有就是东道国随意变更约定，随时提出变更建设场地或修改设计，导致工程进度减缓或者暂停。还有就是东道国出现内战、政变、动乱、罢工等突发事件，影响工程进展。这些方面尤其是在非洲市场表现较为突出。

(六)宏观经济环境变化影响。2007年以来，国际国内经济形势变化较快，受人民币升值、原材料价格成本大幅波动、国际市场需求放缓、融资难度加大、劳动力成本增加和国际运费上升等多重因素冲击，我国对外投资合作业务受到重要影响。初步统计，2005~2008年间，我国企业境外在建项目合同额约为1 700亿美元，按目前汇率水平计算，人民币升值导致承包工程行业汇率损失近200亿美元。同时，人民币升值也导致工程劳务人员实际收入缩水，成为群体性事件爆发的导火索。

(七)外部敌对势力防范和干扰。西方国家对近年来我国与发展中国家合作不断发展十分关注，利用经济、政治、外交等多种手段，对我国的对外投资与合作活动进行干预，散布“中国威胁论”等言论。有的西方国家媒体，对中外经济合作中的正常法律和业务纠纷，恶意夸大宣传报道，挑拨发展中国家与我国的矛盾。还有就是亚非国家近年来领导人不断更迭，新领导人多有西方教育和文化背景，亲西方倾向抬头，这种政治大环境的变化，有时候也成为经济合作矛盾产生的诱因。

四、政策建议

(一)建立“四位一体”管理模式。对外承包工程是个系统工程，涉及资金、技术、货物和人员的境内外流动，涉及国内、国外两个市场，关键是要参与管理的各有关部门、地方政府、企业各负其责，通力配合，形成完整的业务管理链条。当前要着重建立和完善由商务部门、驻外使领馆（驻外经商机构）、地方主管部门和行业组织构成的“四位一体”的部门管理体制，实现对重大对外投资项目、承包工程项目和劳务合作项目的全面跟踪和管理。同时还要建立稽查考核制度，对重点合作项目进行境外巡视检查，检查企业执行国家对外投资合作政策和规定的情况，以及重要项目的工期、质量、安全和劳资关系等情况。加快推进管理体制改革，按照“权责一致”的原则，扩大地方政府有关部门管理权限，同时担负相应管理责任。企业作为开展对外投资合作业务的主体，政府部门要督促企业建立明确、严格的责任制，把境外项目的质量、安全、纠纷处理等各项管理责任落实到人。

（二）加大规范企业经营行为力度。加快建设对外经济合作企业信用系统，将境外劳务、境外安全、项目质量、项目工期、履行法律与社会责任等境外经营情况记入企业信用记录，作为企业资质管理的重要依据。抓紧建立“经营企业黑名单制度”，凡经营资格年检通不过、因违反国家有关法律法规受到行政处罚、不服从行业协调、扰乱经营秩序的企业，除了按规定进行处罚外，应当不予受理投（议）标许可、不予享受国家财政资金支持等。改进对外承包工程项目协调办法，切实把好市场准入和企业资质关，加强资质审核和业绩考核，加快培育对外投资合作骨干队伍。改革外派劳务选派制度，尽快将境外就业纳入统一管理，逐步建立权威、统一的覆盖城乡的外派劳务报名和招聘网络，加大对非法中介的打击力度，推行外派劳务招收备案制，推进外派劳务基地和外派劳务援助体系建设，完善工程项目劳务管理办法，减少境外劳资纠纷和群体性事件发生。

（三）完善法规和政策支持体系。当前，应抓紧制订出台对外承包工程企业经营资格、项目投（议）标、质量安全等方面的配套规章制度，从而形成完整的对外承包工程管理体系。加大政策支持力度，整合和优化财政、外汇、税收等政策手段，按照优化布局、提高质量原则，调整政策投放力度和重点，体现政府宏观政策导向。完善金融服务体系，鼓励金融机构为对外承包工程量身定制金融产品，支持有条件企业通过在境内外上市和发行债券等方式，拓宽融资和担保渠道。推动对外承包工程增长方式转变，在稳定传统土木工程市场同时，逐步推进工程承包向建筑创意、设计咨询、推广中国建筑设计标准、规范转变，占领国际高端市场。统筹“走出去”各项业务模式，创新对外投资合作方式，推动对外承包工程与境外投资、外派劳务、资源开发、对外援助等业务相结合，拓宽合作领域，提高对外合作整体效益。

（四）有针对性地提高公共服务水平。加强对外投资合作的公共服务工作，为企业“走出去”提供国别指南、产业导向、安全预警等信息服务。加快建设“走出去”管理与信息服务系统，在已建成对外承包工程大项目数据库的基础上，建立全口径预警网络系统。充分发挥多、双边机制和驻外机构的作用，利用高层互访、双边经贸会议等政府间经贸联系和合作机制，为企业承揽境外大型工程项目搭建平台，引导企业合理布局。加大对企业的培训力度，培训内容不仅要包括国内外法律法规，还要根据实际情况，增加环境保护、劳动用工、出入境管理、安全生产、招标投标等方面的内容培训。要帮助企业树立社会责任意识，尊重当地宗教和风俗习惯，增强政治敏感性，避免卷入当地利益集团的纷争。同时，引导企业做好外派人员的教育培训工作，坚持先培训后派出的原则，把相关政策、工资待遇等情况讲透，教育外派人员遵纪守法，注重仪表和言谈举止，展示良好形象。

（五）改进对外宣传和交流。整合现有对外宣传、文化和教育交流资源，形成对外工作合力。通过增设境外广播站点、电视信号落地、建立孔子学院、创办当地报纸等方式，直接向当地民众介绍中国发展情况、对外政策和双边关系发展，及时反驳和回应“中国威胁论”。加强与西方大国的交流与沟通，减少猜疑和误解，为我国对外合作项目创造良好的舆论环境。Ⓡ

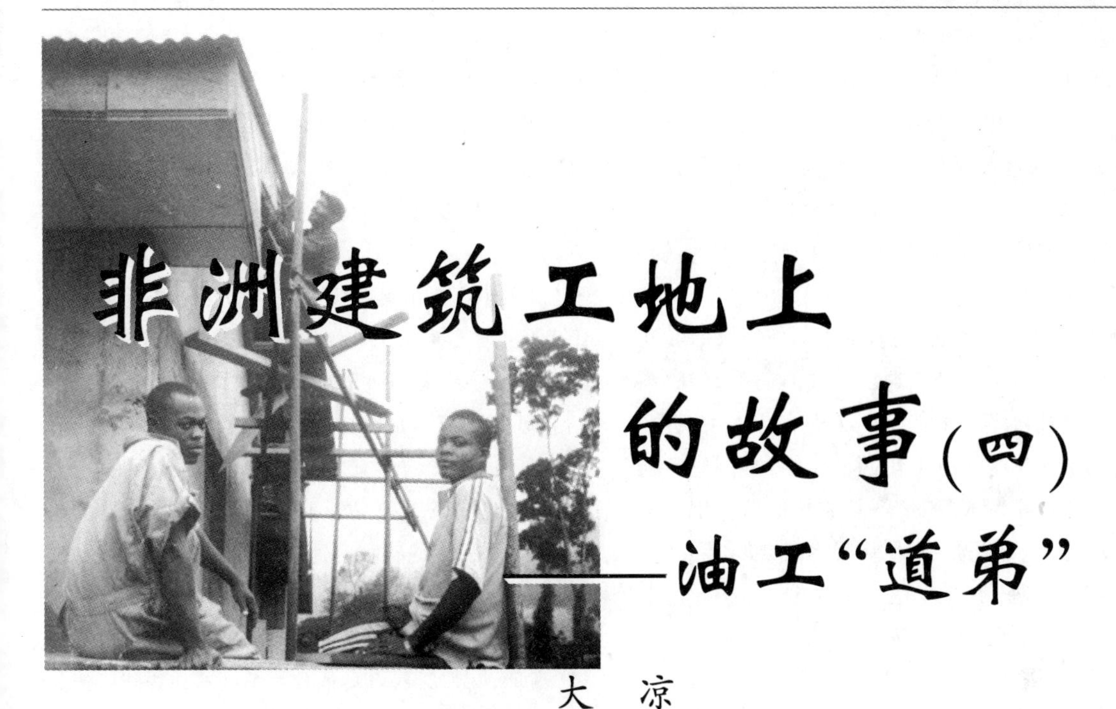

非洲建筑工地上的故事(四)
——油工“道弟”

大　凉

一天,“巴比”跑来告诉我有人来应聘油工,让我去看看他。我的工地上随时都有可能需要新的工人,因为非洲的工人流动性很大,有很多工人如果挣得够这个月吃的了,或是有别的地方挣钱更多,就会在一发完工资后不对你说什么就不来了。我来到办公室看见一个瘦小的小伙子站在那儿,看他的第一眼就发觉他的眼很亮,我一直认为眼睛亮的人聪明,他肯定也是,我对他有好感。我对“巴比”说,让他试试了吗?油得怎么样?“巴比”让他领我过去看看他油过的一段墙,他转身一走我愣住了,他是个瘸子。我等他出去后就叫“巴比”过来,我问他:“看出他是瘸子吗?我们这儿的油工要爬高油整个房子的外墙,他怎么能干呢?他油得再好也不能要呀!”“巴比”看着我说完后,面带难色地说:“我让他走他就是不走,非要油一段墙给你看看,而且他非常想在这工作,一直在求我,我也不忍心说他了,我是非洲人,从道理上讲不能随便剥夺他工作的机会,在我们国家贫穷的正常人生活都是挺难的事,更别说他是一个残疾人了,能活到现在准是他妈妈很疼他。”听到妈妈这两字我心里边一震,经他一说我也想家了。我很理解巴比,不想再责怪他了,出于礼貌我去看他油的那段墙了。到那儿又让我吃了一惊,他竟然把高3m、宽10m多的一段房面墙都油了一遍,窗户的边角都处理得很好,怎么爬上去油的呢?本来想轰他走的心一下变得舍不得了,我的余光能看到他那双亮亮的大眼睛一动不动地看着我,里边有着很多的乞求。我吩咐“巴比”安排他擦地面,勾水泥缝。

“道弟”工作很努力,帮助瓦工做小工的活,我最怕的就是卫生间的活,地面我用的都是蓝瓷砖,缝溜不好是真难看,以前就因为有人没干好而被瓦工提出辞退,这小子来了没被骂过一次,一看这活还干得真不错,关键就是“道弟”细心,并且非常珍惜这份工作。

这是一个星期天,我去街上买东西,路过一个叫“奇卡”的小酒吧,看见“道弟”和他的师傅还有两个工人在那狂饮呢,那是一个出了名的色情酒吧。我过去后心想这小子也这样?刚发的工资就这样乱花,也不知道懂不懂交家里边些钱?看样子也是白可怜他了?好在他工作还可以,还算没用错人。

雨季一到施工环境恶劣,好多从事建筑的公司往往这时就要辞退一些工人,我们这儿也不例外,工人们这时工作都是小心翼翼的,谁都不愿因为工作不努力而被辞退。我由于在雨季前抢时间完成了三栋房的主体工程，所以雨季这3个月做内装修我就不着急了，留下一些工人干里边的活，剩下的我就先不用了。这几天"巴比"不断地对我说"张三"、"李四"不想离开，希望我安排他们干装修活。在非洲，建筑工人为了能有更多的工作机会，好多聪明的工人都能干好几个工种，而且干得也非常好，最典型的就是一般都会油工的活。

我准备辞退一些工人，其中也有"道弟"。我让"巴比"把他们的考勤和在这工作的时间都算好，到了月底发完钱就不用他们了。按当地劳工法规定，被辞退的工人满3个月工龄的还要多加解雇费，在3个月之内的可为试用期，不必加其他的费用。又是一个休息日，我正准备做饭呢，"道弟"和一个女孩来到我的住处，我心里明白他是来求情的，这个女孩又是他的酒吧女吗？看着不像，一脸稚气的小姑娘。他满脸堆笑地看着我，说请我去酒吧喝一点酒。我心里边一愣，难道这个小姑娘真是酒吧女吗？而且这小子的笑我真是看不惯，现在也觉得他的眼睛也不是那么亮了。还给我来美人计了？说真的，那时我就觉得一股恶心涌上来，我没好声地对他说，"我在家做饭吃，不想出去了，你要是没别事就回家吧。"我克制着情绪尽量对他礼貌。"道弟"看我不高兴什么也没说，起身出去了。我看着小姑娘说："你怎么不走呢？"她好像没听见我说话，也没有走的意思，我就说："你还是走吧，我不需要"奇卡"(姑娘)"。我边说边拿出一点钱给她，怎么说我也还懂一些这方面的礼貌。女孩看着我这样，脸上露出很惊惶的神色，她不敢接钱，她这样真是把我搞糊涂了，怎么连钱都不敢要呢？我还是很坚决地给她钱让她马上走。慌忙中她一下开口说话了，而且她说出好多话让我大脑一下有了真空的感觉。

原来这个小姑娘是"道弟"的亲妹妹，她是正在读高中的学生。她们家里边听说我准备辞退"道弟"，就让她来一起来向我求情，因为她读书的钱都是"道弟"在我这儿挣的，我把"道弟"辞退了她书就读不成了。看着她边说边哭的样子，心里真不是滋味。"道弟"回来了，手里拿着好几筒啤酒，我一下明白了很多。我问他，那天我看见他和大工师傅在酒吧喝酒是不是也是他请客？"道弟"说，他要是不请客就会被骂，我不知道内情就哄走了他。我向"道弟"兄妹保证不辞退"道弟"了，让他们放心。他们临走，我给小姑娘一筒可乐喝，"道弟" 刚才肯定不是忘了给妹妹买可乐。道别时，我又看见了"道弟"那双亮亮的大眼睛，而且她妹妹的眼睛也很亮。

(上接116页)

◆ 对应Left(左)，已经有了Start(开始)，对应Right(右)，已经有了Finish(完成)，这是我们在上面使用横道图向导时加入的，也就是在横道的左右边分别标注时间以便于观看。如果我们不想要的话，可以在此将Start(开始)和Finish(完成)删除就是了。

◆ 我们也可以在横道的上面加注资源名称，即在Top(上)行所对应的选项框中点击下拉菜单，找到Resource Name(资源名称)点击即可。

当以上第(4)段落结束之后，图4-10呈现在我们之前时，我们可以说制订计划的工作基本结束，最后一步就是点击打印命令将计划打印出来。

到目前为止，能够跟着我走到这一步的读者对计划制定的步骤和如何操作MS Project都有了一个基本认识，相信有关该软件的基本操作方法和命令已经讲了60%~70%，而且都是一些最基本、最常用的操作和命令，大家完全可以利用以上所学的知识制定一个结构合理、界面漂亮、看起来很专业的项目计划，如图4-10所示。这也是一个包含了最基本的相关信息的计划，除了还能将Predecessor(前道任务)栏隐含外，其余栏目是一个计划必须呈现的栏目，不能再删减了。尤其是Total Slack栏目，借此我们可以判断出该计划的制订是否达到了一定的深度。

如果大家能够做出一个如图4-10所示的计划，那么可以说你已经达到计划管理的入门水平了，完全可以担当一些计划管理的初级工作，比如制定一些简单的、小的执行计划，让你的工作有条不紊、按计划实施。但很显然，计划管理并不仅仅只有以上一些内容，MS Project的功能也不会到此为止，当我们完成入门培训之后，就像所有的音乐会一样，结束时总会有一个加演，那么现在就让我们再学习一个重要的内容吧。

现浇钢筋混凝土结构施工常见问题解答(四)

◆ 陈雪光

(中国建筑标准设计研究院, 北京 100044)

9.在砌体结构中梁的配筋也采用03G101-1中的表示方法,梁在支座处的支承长度应如何考虑?

在砌体结构中,梁的支承长度除应满足纵向钢筋的锚固长度外,还应考虑砌体的局部承压要求,一般都会设置梁垫。不同的梁或水平构件在支座上的支承长度要求是不同的。①梁在砖墙或砖柱上的支承长度不应小于240mm,当为清水墙且梁高小于500mm时,支承长度可以适当减小,但不应小于180mm;②支承在混凝土构件(混凝土梁垫)上的长度不应小于180mm;③预制混凝土檩条、格栅等小梁的支承长度在砖墙上不小于120mm,在混凝土梁上不小于80mm;④当抗震设防烈度为6~8度和9度时,预制梁的支承长度应分别不小于240mm和360mm;⑤承重墙梁的托梁在砌体、柱上的支承长度不应小于350mm。

10. 在砌体结构中的梁在支座内的构造有何要求?

由于采用03G101-1表示混凝土构件的配筋比较方便,因此许多设计院的图纸在砌体结构中的梁也采用这样的表达方式,支承在砌体结构上的混凝土梁的构造要求与现浇混凝土结构是不同的,支承在砖墙和砖柱垫块上的混凝土梁,在支座内要配置一定数量的箍筋;由于砌体对梁端具有一定的约束作用,因此梁上部纵向钢筋在支座应满足锚固长度la的要求,倘若直线锚固长度不能满足时,可采用弯折锚固。①梁纵向钢筋在支座锚固长度范围内应配置不少于两道箍筋;②箍筋的直径不宜小于纵向钢筋最大直径的0.25倍,间距不宜大于纵向钢筋最小直径的10倍;③当采用机械锚固措施时,箍筋间距

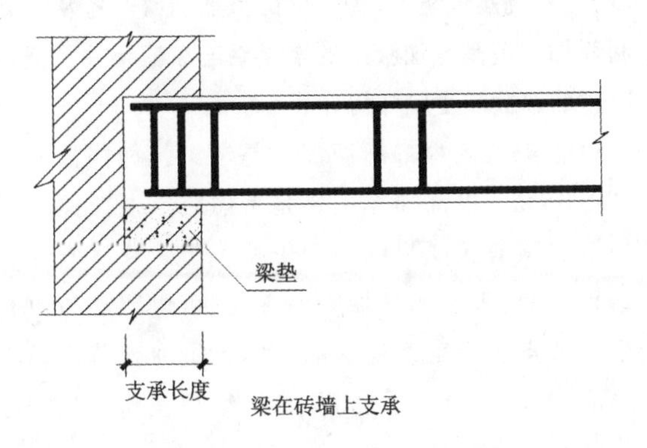

梁在砖墙上支承

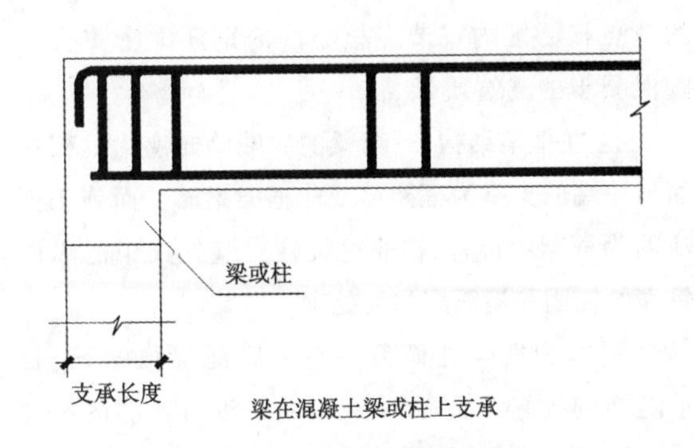

梁在混凝土梁或柱上支承

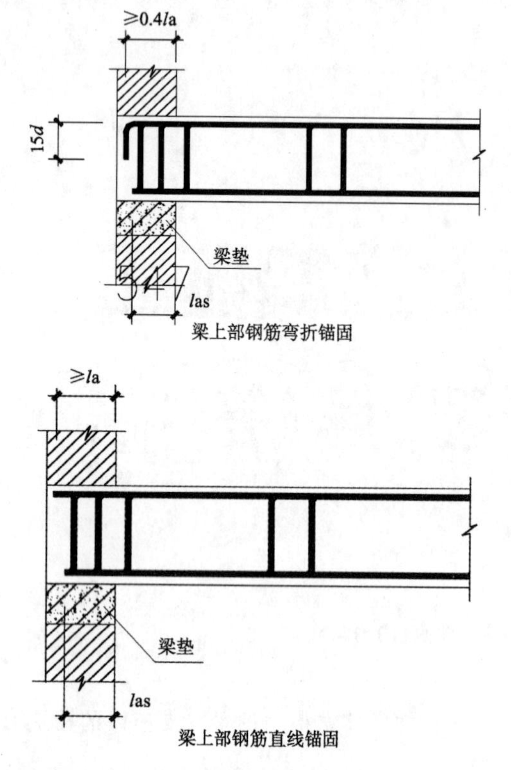

梁上部钢筋弯折锚固

梁上部钢筋直线锚固

不宜大于纵向受力钢筋最小直径的5倍。

11.当框架中柱两侧的框架梁宽度不相同时，框架梁中的纵向受力钢筋应如何通过中柱？

框架中柱两侧的框架梁宽度不相同时，框架梁中的纵向受力钢筋原则上能同侧直线拉通，当两侧的钢筋直径和根数相同时，可将较宽梁中的纵向钢筋弯折一定的斜向坡度通过中柱；当两侧的钢筋根数不相同时，将多出的钢筋锚固在节点核心区内。而钢筋的直径不相同时，就不需在中柱内拉通，分别锚固在节点核心区内；其构造做法可按框架端节点的处理方法；在实际工程中若遇到钢筋的直径不相同时，应与设计人员沟通代换为相同直径的钢筋，避免两侧的钢筋都锚固在中柱的节点核心区内，节点核心区的钢筋太密集会影响混凝土的浇筑质量。

12.在框架结构中，当梁的一端的支座为框架柱而另一端的支座为框架梁或非框架梁时，而施工图注明为框架梁(KL),在非框架柱支座处梁中的纵向钢筋的锚固和箍筋应如何处理？

一端为框架柱而另一端为非框架柱的梁，目前这样的抗震试验资料很少，由于没有足够的抗震

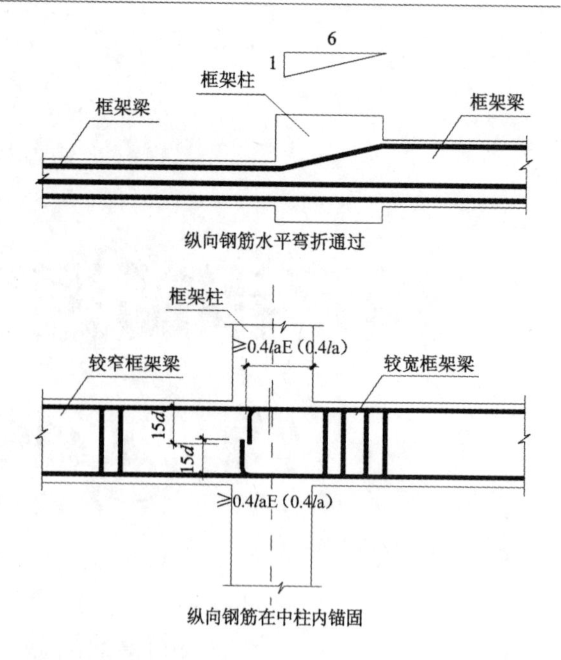

纵向钢筋水平弯折通过

纵向钢筋在中柱内锚固

试验资料表明节点的破坏机理，在实际工程中应征得设计人员的处理意见。①当一端为框架柱时，应根据有无抗震要求处理纵向钢筋在节点内的锚固及梁端箍筋加密的构造措施；②当另一端为非框架柱时，可不考虑抗震构造要求，按非框架梁的节点构造要求处理。

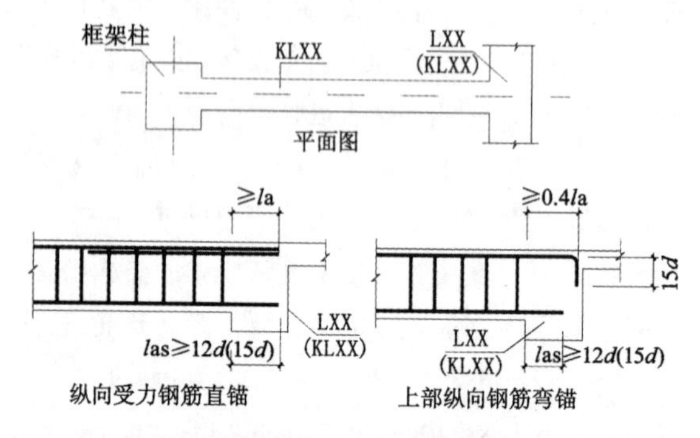

纵向受力钢筋直锚

上部纵向钢筋弯锚

13. 在框架结构中，有的框架梁根部加高或加宽，当有抗震设防要求时，梁的箍筋加密区应从何处起算加密范围？加腋处的增设钢筋在框架柱及框架梁中的锚固长度应如何计算？

框架梁的根部断面加高是考虑抗剪能力的提高等因素，根部加宽主要是考虑减小框架梁对梁柱节点核心区受力的不利影响，国内外试验综合结果表明，采用水平加腋的方法，可以明显地改善梁柱节点承受反复荷载的性能。①加腋范围内箍筋应加密，有抗震设防要求时，梁端箍筋的加密范

围应从加腋弯折点开始算起。②加腋范围内增设的纵向钢筋不少于 2 根，并锚固在框架梁、柱内。垂直加腋增设的纵向钢筋可以比梁下部锚入框架柱内的钢筋减少一根。③加腋范围内的箍筋直径和间距，除图纸特殊注明外可同梁端箍筋加密区的构造要求。

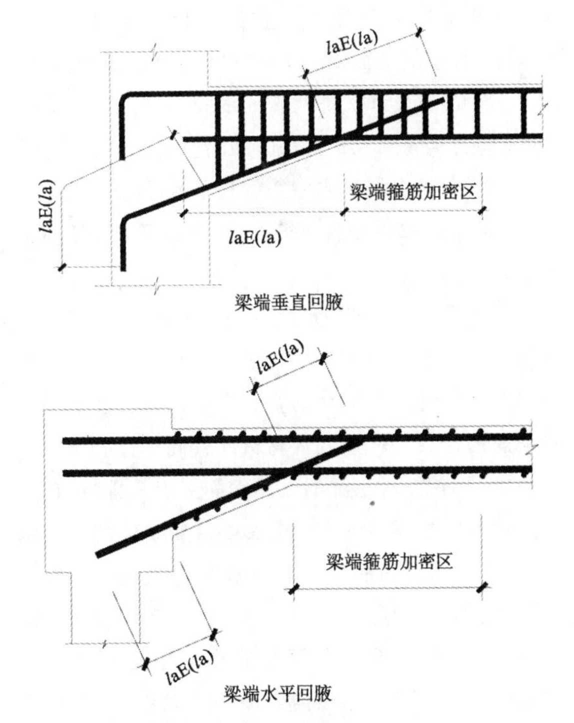

梁端垂直回腋

梁端水平回腋

14. 框架梁与框架柱宽度相同或一侧与框架柱平时，框架梁的纵向钢筋应如何穿过框架柱？当框架梁的纵向受力钢筋的局部保护层加大了应采取什么措施？

框架梁的纵向钢筋应从框架柱外侧纵向钢筋的内侧穿过，由于这样的做法会使框架梁局部保护层厚度加大，因此根据《混凝土结构设计规范》(GB 50010-2002ZA)中的规定，当梁、柱中纵向受力钢筋的保护层的厚度大于 40mm 时，应对保护层采取有效的防裂措施。也是对结构耐久性的要求。①框架梁的外侧纵向钢筋按弯折不大于 1/6 的坡度从框架柱外侧纵向钢筋的内侧通过；②当局部钢筋的保护层厚度大于 40mm 时，通常采用配置钢筋网片两侧伸入正常保护层内不少于 la 的长度；③增配的防裂钢筋网片可采用水平和竖向均为 φ6@200 的钢筋。

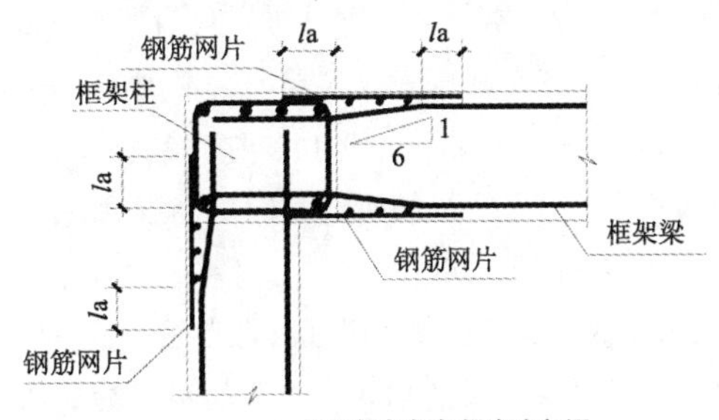

框架柱与框架梁宽度相同

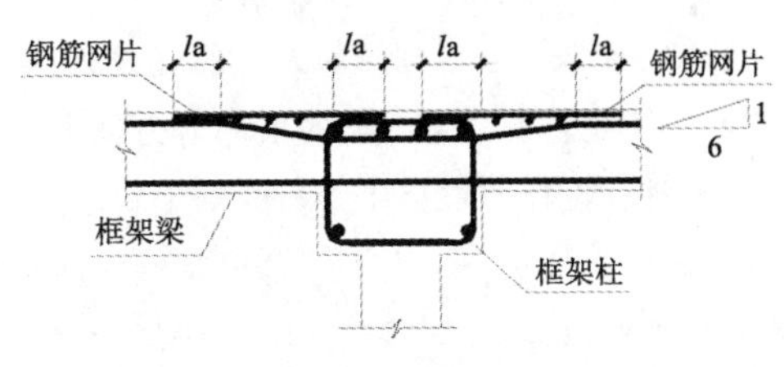

框架梁一侧与框架柱平

15. 折梁的下部纵向受力钢筋是否可以整根弯折配置？在什么情况下需要断开设置？在弯折部位的箍筋应如何配置？

折梁在竖向荷载作用下，下部纵向钢筋处于受拉状态，折梁的弯折角度较小时会使下部混凝土崩落而产生破坏。不应采用整根钢筋配置。也可以采用在内折角处增加角托的配筋方式。由于下部钢筋截断后不能再在梁上部受压区完全地锚固，因此在此部位增设箍筋来承担这部分受拉钢筋的合力，箍筋的直径和间距是经过计算配置的，不是简单的构造加密。①当内折角小于 160°时，梁下部钢筋不应整根通长配置，在弯折处断开后分别斜向上伸入梁上部

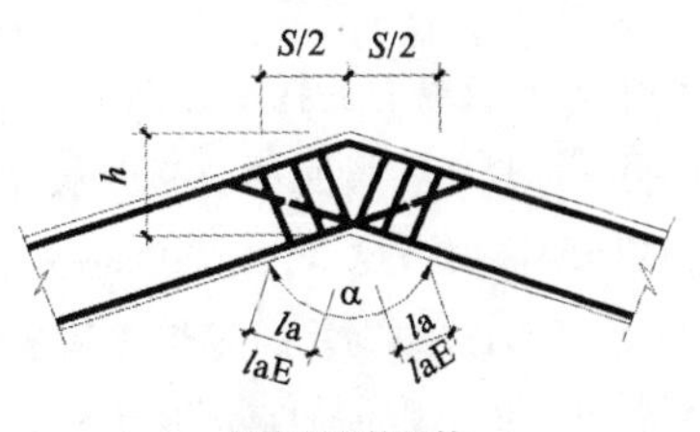

梁内折角的配筋

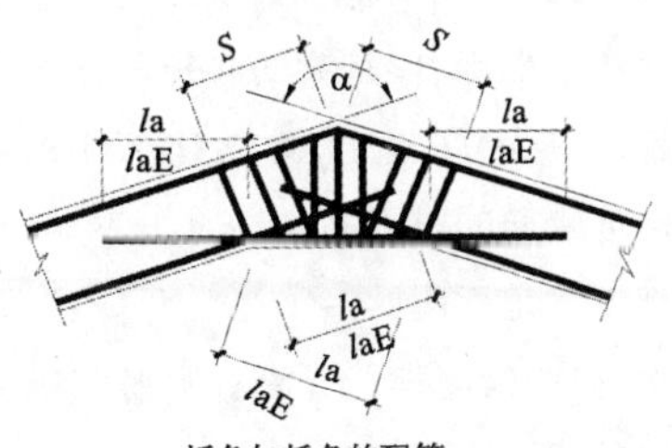

折角加托角的配筋

满足锚固长度后截断；上部钢筋可以弯折配置。②在弯折处增设的箍筋应配置在 S 长度的范围内，$S=h\tan(\alpha/8)$。③当内折角度不小于160°时，梁下部纵向受力钢筋不必断开，可采用折线形配置，S 长度范围内按无托角方式配置箍筋。

16.变截面斜向上的悬臂梁，箍筋应如何配置？垂直地面还是垂直梁的轴线？当梁的根部箍筋的间距不能满足设计要求时应如何处理？

在有些建筑中会遇到倾斜向上的变截面悬臂大梁，它与柱不是正交。悬臂梁的根部剪力最大，箍筋的间距不符合设计要求会使梁根部产生斜向的剪切裂缝，影响结构的安全。由于悬臂梁是倾斜向上的，会使梁的根部出现上、下箍筋间距不均匀，上部间距密集而下部间距比设计的间距要大，应采取合理的布置方式使箍筋能承担剪力。①将箍筋垂直地面布置在沿梁的全长范围内，在支座附近不会出现箍筋间距上小下大的情况，可以满足承载剪力的要求；②当悬臂梁的斜度不大，保证下部箍筋间距满足设计要求的前提下，上部间距不小于50mm时，也可以采用垂直梁的中心线斜方向布置；③当梁的斜度较大时，若沿梁的中心线布置箍筋，应在支座处增设直径相同的箍筋，其箍筋形式也应做成封闭式四角钩住纵向的主筋和腰筋并满足设计间距的要求。

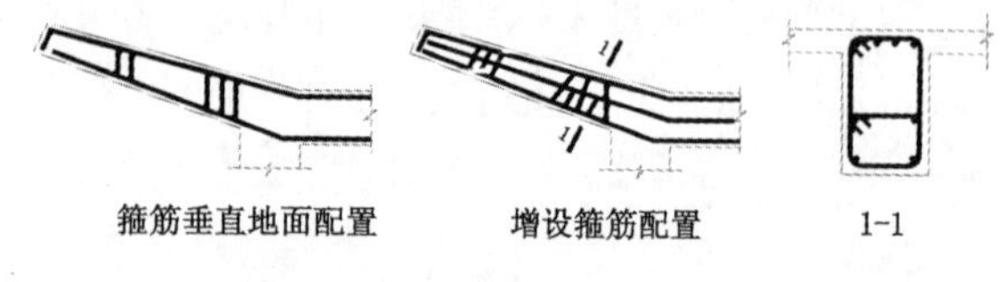
箍筋垂直地面配置　　增设箍筋配置　　1-1

17.梁侧需要配置纵向的构造腰筋时，当梁两侧的楼板不在同一标高时，梁肋的净高应从哪个标高算起？腰筋的间距除要满足不大于200mm外，还应满足什么要求？腰筋的拉结钢筋的间距应是多少？

梁中配置纵向构造腰筋的目的是为防止当梁高较大时，在梁的侧面产生垂直梁轴线的收缩裂缝；梁肋的净高说法不准确，应是梁的腹板高度。根据《混凝土结构设计规范》(GB 50010-2002) 中的规定，配置梁纵向构造腰筋的腹板高度，对于不同形式的截面形状计算方法是不同的。①当梁两侧的楼板不在同一标高时，应按较高楼板计算梁的腹板高度；②纵向构造钢筋的间距除满足不宜大于200mm外，还应

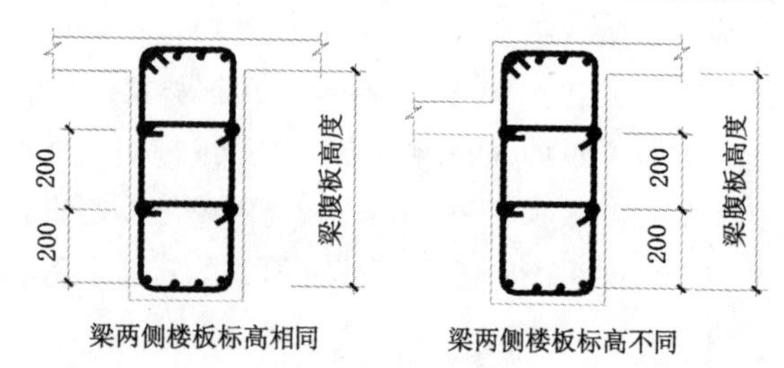

梁两侧楼板标高相同　　梁两侧楼板标高不同

满足每侧纵向构造钢筋(不包括梁上、下部受力钢筋及架立钢筋)的截面面积不应小于腹板截面面积bh_w的0.1%；③当设计文件对腰筋的拉结钢筋间距无具体要求时，其间距应是箍筋间距的2倍。

18. 在梁中的纵向钢筋的最小水平净距应为多少？当配置两排或三排钢筋时，水平和竖向净距有何要求？

《混凝土结构设计规范》(GB 50010-2002) 中对钢筋的最小净距有明确的规定，最小净距除满足最小构造尺寸外还与钢筋的直径有关；为保证混凝土对钢筋的握裹力使这两种材料能共同工作，所以有最小净距的要求；当梁的上部钢筋多于一排时，钢筋的净距不应随意地加大，会影响混凝土梁的抗弯承载能力。①梁上部钢筋的水平净距(钢筋外边缘的最小距离)不应小于30mm和$1.5d$(d为上部钢筋的最大直径)；②下部纵向钢筋的水平净距不应小于25mm和d；③梁下部纵向钢筋多于两层时，两层以上纵向钢筋水平的中距应至少比下面两层的中距增大一倍；④各层之间钢筋的竖向净距不小于25mm和d(d为两层纵向钢筋直径较大者)。

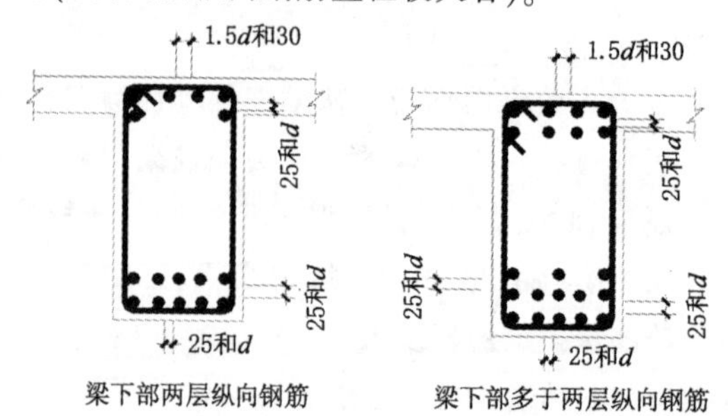

梁下部两层纵向钢筋　　梁下部多于两层纵向钢筋

19.当钢筋采用机械锚固时，锚固的总长度是否包括锚固端头？采用末端与钢板塞焊方法时，钢板的宽度应为多少？当有多根钢筋与钢板塞焊时，钢筋的水平净距有何要求？在机械锚固端范围内有何构造要求？

机械锚固是减小锚固长度的有效方法，根据我

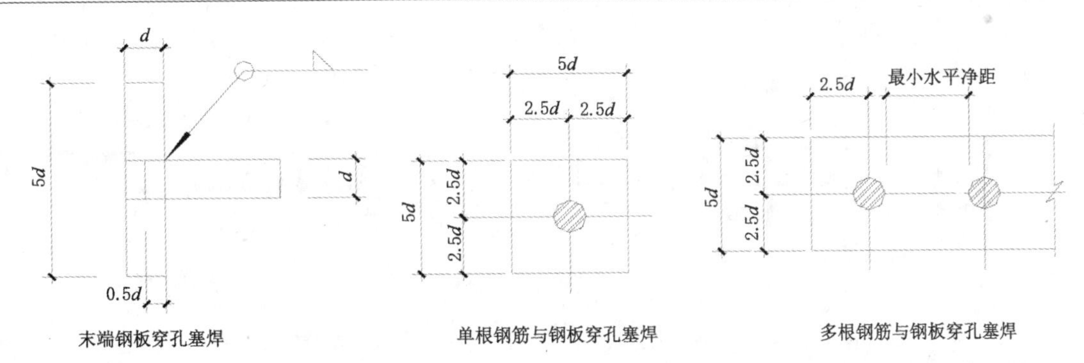

末端钢板穿孔塞焊　　单根钢筋与钢板穿孔塞焊　　多根钢筋与钢板穿孔塞焊

国的试验研究和施工习惯，机械锚固通常有三种方式：(1) 末端带135°弯钩；(2) 末端与钢板穿孔塞焊；(3)末端与短钢筋双面贴焊；当采用机械锚固时，钢筋的等级应是HRB335、HRB400和RRB400级钢筋，HPB235级钢筋不适合采用机械锚固。①机械锚固总长度应包括附加锚固端头在内。②采用穿孔塞焊的机械锚固方式时，单根钢筋端头的钢板为$5d$(d为钢筋的直径)的方钢板，多根钢筋时钢板的宽度为$5d$，钢筋的净距应满足最小净距要求；最外侧钢筋中心至钢板的外边缘应不小于$2.5d$。③在锚固端的范围内应配置不少于三道箍筋，箍筋的直径不应小于纵向钢筋直径的0.25倍，其间距不应小于纵向钢筋直径的5倍；当纵向钢筋的保护层厚度不小于$5d$时，可不配置箍筋。

20.在砌体结构底部框架的结构中，底部框架上的砌体开有偏洞口时，梁中箍筋在洞口范围内及洞边应如何配置？

在这样的结构体系中，梁上有砌体时该梁是托墙梁，托墙梁与一般的梁工作状态不同，不是简单的受弯构件，试验表明托梁是偏心受拉构件。托梁与上部墙体共同组合工作。墙体偏开洞口对墙梁组合作用发挥不利。为保证托梁与上部墙体共同工作和墙梁组合作用的正常发挥，《砌体结构设计规范》(GB 50003-2001) 对偏开洞口的墙梁做出强制性构造措施的规定。①在偏开洞口的宽度及两侧各一个梁高h_b的范围内托梁的箍筋应加密，箍筋的直径不应小于8mm，间距不应大于100mm。②洞口边直至靠近洞口支座边的范围内托梁中的箍筋也应加密处理，其直径和间距同加密区。

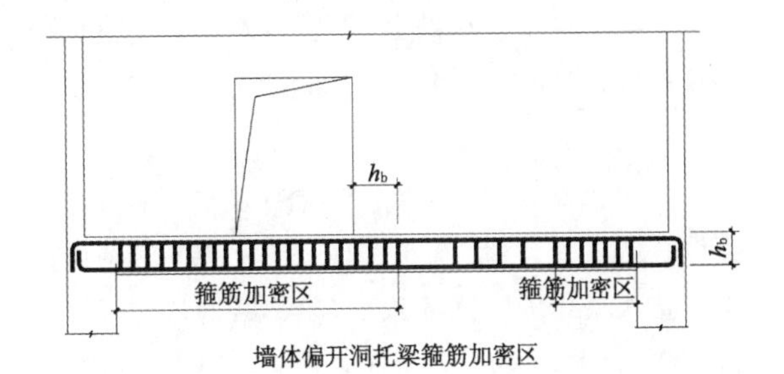

墙体偏开洞托梁箍筋加密区

四、板

1.在有转换层的高层建筑中，转换层楼板在边支座的上、下层钢筋应如何锚固？在此层楼板中有较大洞口时，洞口边设置边梁中的纵向钢筋连接有何要求？

在带有转换层的高层建筑结构体系中，由于竖向的抗侧力构件不连续，框支剪力墙中的剪力在转换层要通过楼板才能传递给落地剪力墙，楼板中的钢筋在边支座应保证有足够的锚固长度；当楼板开有较大的洞口时，在洞口边设置宽度不小于楼板厚度2倍的边梁，以保证楼板有足够的刚度和传力的直接与可靠。①转换层楼板中的上、下层钢筋在边支座的锚固长度应满足laE或la的要求。②洞口边梁中的纵向钢筋宜

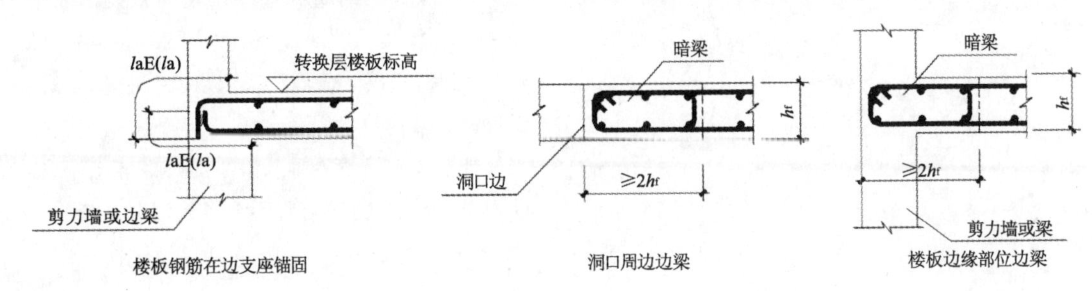

楼板钢筋在边支座锚固　　洞口周边边梁　　楼板边缘部位边梁

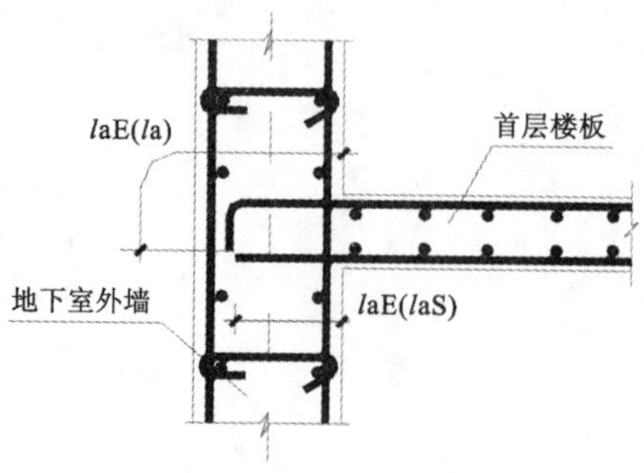

地下室墙与首层墙厚相同

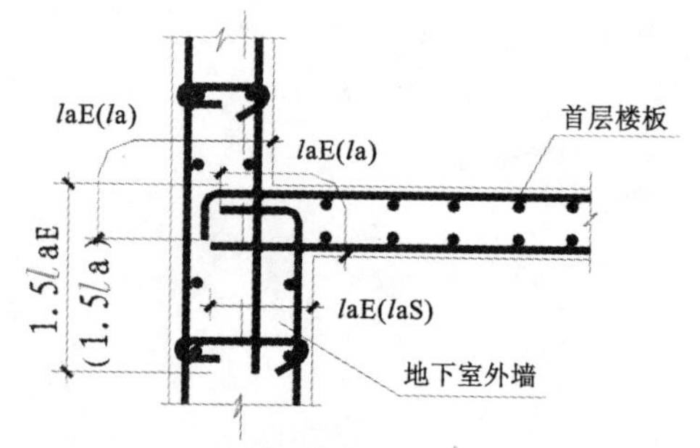

地下室墙与首层墙厚不同

采用机械连接或焊接，边梁中应配置箍筋。③洞口边梁中的纵向钢筋的配筋率不应小于1.0%。④在楼板的边缘部位也应设置边梁，其构造要求同较大洞口边梁的做法。当图纸中未说明时，应按此构造要求施工。

2.地下室顶板中的上、下层钢筋在边支座内锚固长度应如何计算？当地下室外墙的厚度有变化时，墙中的竖向钢筋的锚固长度应是多少？

在高层建筑中因基础的嵌固深度的要求，一般都设有地下室。当地下室多于一层时，结构计算常把首层楼板处作为嵌固部位。《建筑结构抗震设计规范》(GB 50011-2001)及《高层建筑混凝土结构技术规程》(JGJ 3-2002)规定，首层楼板的厚度不小于180mm，且配置双层钢筋网片；当结构计算不把首层楼板作为嵌固部位时，厚度不小于160mm。①有抗震设防要求时，首层楼板的上、下层钢筋在边支座的锚固长度不少于laE，当直线锚固长度满足要求时，下部钢筋可不做弯钩；②无抗震设防要求的地下室楼板及有抗震设防要求的首层以下层楼板的上部钢筋，在边支座内的锚固长度应满足la的长度要求，下部钢筋锚固长度应满足laS且至少伸到支座的中心线；③一般地下室的外墙厚度是根据层数和层高而有变化，上面的厚度有时比下面的会减少些，外墙中的竖向钢筋应根据图纸中注明的抗震等级，参照相应等级的剪力墙构造要求进行连接和锚固。

中国大规模的建设还会持续30年至35年

3月27日，住房和城乡建设部副部长仇保兴在第五届国际智能、绿色建筑与建筑节能大会暨新技术与产品博览会发布会上表示，中国大规模的建设还会持续30年至35年。

仇保兴说，中国正处在大规模城镇化建设的阶段，也是世界最大的建筑市场，目前的建筑量占到世界的一半还多。所以，建筑业在中国还是最重要的一个行业。建筑行业将带动建材、家居等多个领域的发展，增加大量就业岗位。“因此，国家的4万亿投资中，建筑行业占了很大比例。”

谈到今年大规模的保障房建设，仇保兴说，节能、环保、绿色建筑并不是高价格、高技术、高科技的象征。建设保障性住房更应该体现这些特点，让低收入家庭住得舒适。他说，绿色建筑就是要让房屋与自然很好地结合，不仅透光还要通风，而做到这些采用的手段都非常简单。

仇保兴透露，他们将采取以奖代补的方式，督促地方政府建设绿色住房。也就是说，房屋建成后能够达到绿色标准，中央政府才会下拨补助资金，否则地方政府将不能得到资金支持。

项目计划管理快速入门及项目管理软件MS Project实战运用(三)

◆ 马睿炫

(阿克工程公司，北京 100007)

四、计划的优化

1.计算完成工期=要求完成工期

当我们按照计划制定的步骤完成前三步的时候，整个计划的计算完成工期就已经出来了，但2009年5月19日是否满足我们或者客户对计划的要求，那就要看要求的完成工期。假如我们要求整个项目在2009年5月底结束，那么皆大欢喜，该计划完全满足客户的要求甚至提前。但如果客户要求整个项目必须在2009年5月1日结束，那么我们就得对计划进行调整以满足客户的要求，也就是将计算完成工期2009年5月19日压缩至2009年5月1日。要做到这点，不外乎以下两种方法：

(1)压缩关键任务的工期

首先，我们要引进关键任务的概念。所谓关键任务就是总时差(Total Slack)=0的任务，而总时差的概念是该项任务最晚完成时间减最早完成时间的时间差。假如最晚完成时间-最早完成时间=10d，那就是说该任务有10d的总时差，即10d的缓冲时间，通俗地说，该项任务即使落后10d也不会对整个项目的最终完成时间产生影响，显然它就不是关键任务。但如果超过了10d，那就导致整个项目的落后了，因为它已经变成了关键任务。举个例子，比如安装一台设备，该设备的安装时间受两个前道工序的影响，一个是设备基础的交付时间，另一项是该设备的到货时间。假如设备是9月1日到货，而设备基础是8月15日交付，那么很显然，设备基础的交付与设备到货的时间相比，就有了15d的时差，就是设备基础交付的最早完成时间是8月15日，而最晚完成时间是9月1日。而设备到货时间则无论是最早到货时间和最晚到货时间都是9月1日，它的时差变成了零，也就是来了就装，因此设备到货的时间成为关键，设备到货也就成了关键任务。

以上只是举例，那么现在让我们看看在我们的工厂计划中，哪些任务是关键任务。现在我们回到工厂计划的主界面Gantt Chart(甘特图)中，首先我们要加入一栏，就是总时差(Total Slack)，具体操作如下：

a.将光标移至Predecessor(前道工序)栏中的任一处；

b.在菜单栏选择Insert(插入)命令，待子菜单弹出，选择Column(栏目)子命令，弹出Column Definition(栏目定义)对话框；

c. 在对话框中点击下拉菜单，向下选择Total Slack(总时差)，可以在Title(标题)行加名称或不加；

d.点击OK，如图4-1所示。

从上图Total Slack(总时差)栏中我们可以看到很多任务的总时差是0，也有18d时差的，还有98d时差的，这显然是不对的，原因是它们和后道工序没有建立起逻辑关系。比如第8项设备采购就没有链接后道工序，我们可以通过加入后道工序(Successors)栏以看得更加清楚。现在我们按照第三节所教的方法，将设备采购与下面的设备安装工序链接起来，也可以在后道工序(Successors)栏中直接填上后道工序的代码，比如31,32,33,34。对待材料采购也

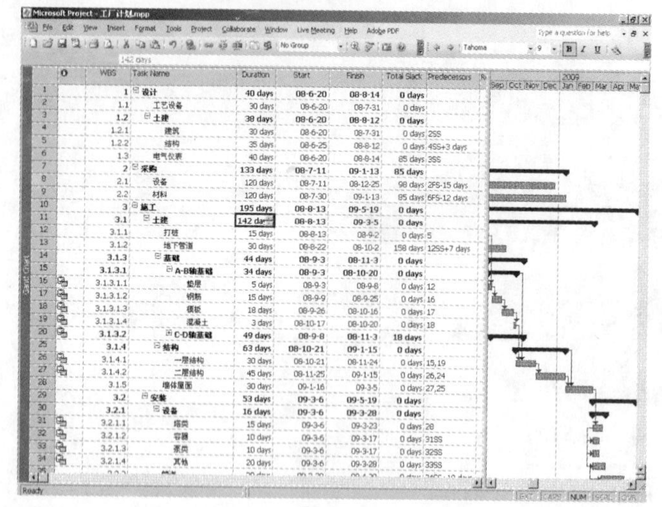

图4-1

是如法炮制，将它和35号代码的任务——管道链接起来，通过以上方法，让所有的任务都有链接，以消除所有不合理的总时差，如图4-2所示。

现在所有的任务都有了各自对应的总时差，为了更好地突显出关键任务，我们需要用不同的颜色把它们标注出来，也就是创造出一个更好的视图界面，具体做法如下：

a.在菜单栏选择Format（格式）命令，待子菜单弹出，选择Gantt Chart Wizard（横道图向导）子命令，弹出一个向导对话框，如图4-3所示，我们也可以在工具栏中直接点击该图标进入向导。

b.按照向导对话框的提示，点击Next（下一步）。

c.当提示问你在你的横道图中选择显示什么样的信息时（What kind of information do you want to display in your Gantt Chart）?点击Critical Path（关键线路），你会注意到左边的横道变成了红色。

d.继续点击Next（下一步）。

e. 这回向导问你What task information do you want to display with your Gantt Bars（对于你的横道图中的横道，你希望显示什么样的任务信息）？

f.选择中间的Dates（日期），你会发现左边横道的两边都出现了日期。

g.继续点击Next（下一步）。

h.向导又问：Do you want to show link lines between dependent tasks（你要显示任务间的链接线吗）？

i.向导默认选择Yes（是），那就是吧。请注意，如果计划做得很大，任务很多，链接线太多，就可以用这种方法取消显示链接线，让计划的主界面变得简洁些。

j.继续点击Next（下一步）。

k.向导祝贺你说：Congratulations! The Gantt Chart Wizard is ready to format your Gantt Chart（横道图向导已经准备好了对你的横道图进行格式化）。

l.点击中间的Format it（格式化它）按钮。

m.向导说：Your Gantt Chart is finished（你的横道图已经完成）! 点击Exit Wizard（退出向导）。

当我们完成以上操作后，我们发现我们的主界面，也就是横道图突然色彩鲜艳，变得好看多了，而且右边的横道两边都注明了开始和完成的日期，更方便查看时间了。详见图4-4。从此图中我们很容易地看出哪个是关键任务，而且顺着自上而下的路径，我们可以判断出由所有关键任务所组成的关键线路，也就是由红线串出的关键路径。我们必须认识到，在关键路径上的所有任务都不得延误，因为它们的时差都是零。只要一个关键任务落后了，整个项目就要随之拖后。反之，如果关键任务提前，整个项目的完成时间就会相应提前。当我们知道这个原理后，压缩工厂项目总工期就只有首先压缩关键线路上的任务工期了。

第一步，检查计划中所有的关键任务，看看哪项任务的工期有可能压缩。比如结构部分，我们觉得可以把第二层结构的工期由45d改为44d。

第二步，可以将电气仪表的安装时间压缩到32d。

到现在为止，计算工期已经压至5月5号了，还差5d。但检查完所有的关键任务，已无富余时间可压了，必须另想法子。因此第二个方法出现。

(2)加大交叉施工的力度

在我们工厂计划中，墙体施工和结构施工完全是可以交叉进行的，即一层结构完成之后，在保障安全的情况下，完全可以开始进行一层厂房的砌墙工作。因此点击它们之间的链接线，弹出对话框后，在Lag行内输入-3，点击OK。

现在我们发现整个项目的最晚完成时间是2009年5月1日，详见图4-5。

需要提醒的是，虽然压缩整个项目的最晚完成

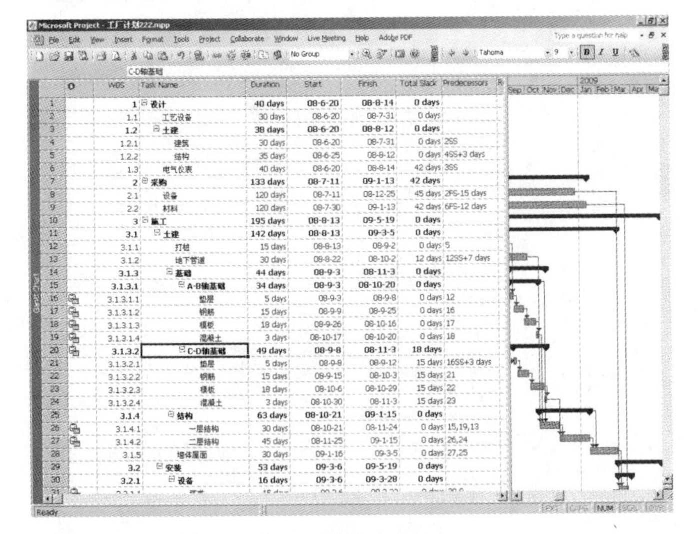

图4-2

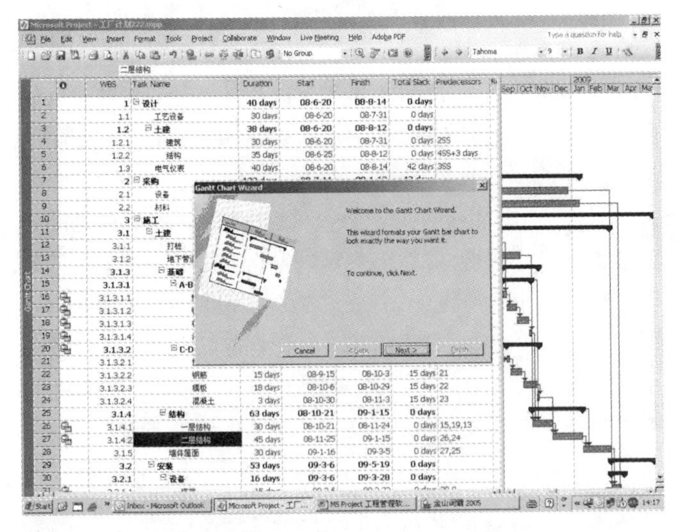

图4-3

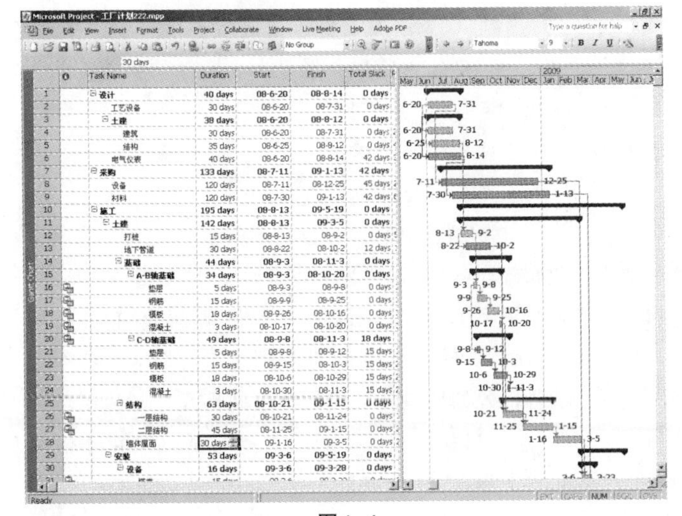

图4-4

时间必须针对关键线路，但我们不能把关键线路压缩成非关键线路，而非关键线路变成了关键线路。

还有一点需要说明的是，虽然我们说关键任务指的是总时差为零的任务，但有的时候我们同样需要关注一下总时差为一天或两天的那些任务，因为它们的总时差很容易变成零。因此为了引起对这些总时差很少的任务的关注，我们可以把那些总时差小于或等于三天的任务都定义成关键任务，具体做法如下：

a.在菜单栏选择 Tool（工具）命令，待子菜单弹出，选择 Options（选项）子命令，弹出 Options（选项）综选框。

b.选择 Calculation（计算）子页，在最下面有一行文字：Task are critical if slack is less than or equal to 0 days（如果时间小于或等于零，则任务为关键），将 0 改为 3。

c.点击 OK。则今后凡任务时差小于或等于 3 的任务都变成关键任务。

2.计划格式的优化

通过以上优化，我们的计划已经能够满足各方的时间要求了。下一步的工作就是对计划的格式加以优化，在此，我们引进里程碑（Milestone）的概念。

里程碑在计划中的作用一是做个时段总结，二是做个概况性的标注，以引起各方的高度注意。顾名思义，它是很重要的一个控制点，因此在计划中常常引用。比如在我们的工厂计划中，项目的开始时间可以定为一个里程碑，项目的完成时间也可以是一个，还有一些重要的时间段，比如设计的完成，现场施工的开始时间，只要我们认为这是一个很关键的控制点，我们都可以把它定为里程碑。为了让大家更方便地浏览这些里程碑，我们可以把它们归入一类，而且放在计划的最前面。具体做法如下：

a.按照制订计划的步骤，首先确定需要加入哪几个里程碑，在此我们确认有四个里程碑，即：项目开始时间、设计完成时间、现

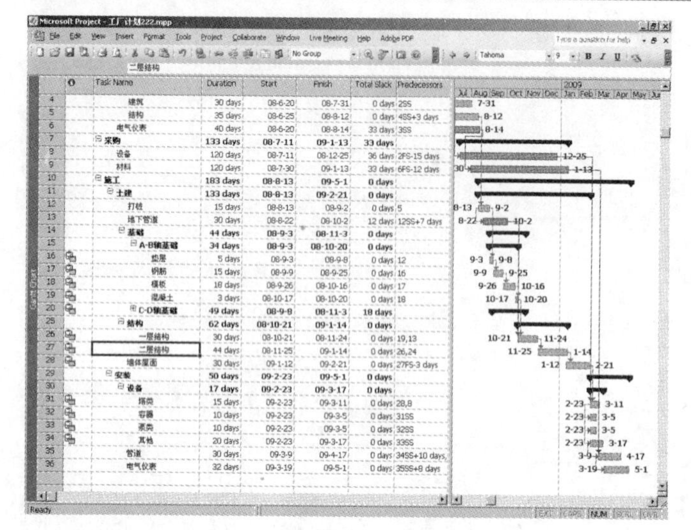

图4–5

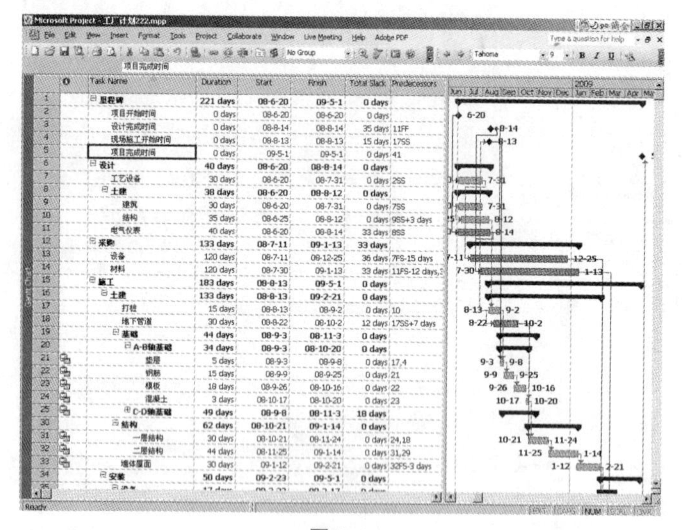

图4–6

场施工开始时间、项目完成时间。在工厂计划中，将光标移至最上面的设计行，插入四空行后，依次输入四个里程碑的名称，当然不要忘了在它们的上面还应该有个汇总的任务项——里程碑，它与设计、采购、施工三个阶段性的汇总任务是同一级的。

b. 将四个里程碑所对应工期的时间全部由 1d 改为 0d，我们会发现在右侧的横道图区域，里程碑所显示的图像变成了小钻石的形状，这就是我们所公认的里程碑的样子。

c.建立里程碑与相关任务间的关系。项目开始时间的里程碑不用链接前道工序了，因为软件已经自动定义了这一开始时间。它的下道工序可以链接到设计类的工艺设备任务，逻辑关系是 SS 的关系。设计完成的里程碑前道工序是设计类中最晚完成的设计任务项，在此是电气仪表任务项，逻辑关系是 FF 的关系。它的后道工序可以链接到下面的采购类中的材料采购，链接之后，我们发现材料采购的任务项向后推迟 15d，幸亏该任务项有 33d 的总时间，因此没有影响总项目的工期。事实上，采购材料的工作不必等到所有的设计工作全部结束后才开始，它们之间完全可以进行适度的交叉作业。因此双击两项任务之间的链接线，在弹出的对话框中，在 Lag 框内将 0d 减为–14d，则材料采购的工作又提前至 7 月30 日开始了。

用同样的方法将剩下的两个里程碑与相关任务链接，最终完成里程碑列入，详见图 4–6。

从上图我们可以看到，四个里程碑可以很好地概况出各个主要时间段的情况。但中间两个里程碑靠得过近，而且“8–13”在“8–14”的下面，不符合时间早晚按照从左至右的排序要求，在此，我们可以作个调整，将现场施工任务项移到设计完成项的上面，具体做法如下：

a.将光标移至里程碑现场施工任务行最左边的数字代码 4 上。

b.当光标变成→箭头时点击选中，整行都变成了黑色，而此时光标变成了十字箭头。

c.按住鼠标左键，拖动整行向上一格。

d.松开鼠标，则两行已换位。

我们也可以用这种方法进行多行的换位移动，这是一个非常好用的调整任务行顺序的功能，请大家记住。

3.计划版面的优化

(1)显示栏目的优化

由于版面有限，界面显示的部分应该简洁而又全面，既将重要的栏目尽可能地显示出来，又把一些暂时用不上的栏目隐含掉。比如显示 (Indicator)栏目，在计划的编制初期，我们通过它可以方便地看到某些任务的属性，如它的约束条件或是否使用新的日历，但当我们完成计划的编制时，这一栏就不需再显示了，具体做法如下：

a.将光标移至该栏的标识处，当光标变成向下

的箭头时，点击左键选中，此时整栏都变成了黑色，而光标也变成了十字箭头。

b.点击右键，弹出菜单，选择 Hide Column（隐藏栏目）命令，则该栏消失。

如果我们想利用该栏目快速查看某计划的制订者是否专业，就看看是否有过多的约束条件被使用。可以通过插入栏目的功能将 Indicators（显示）栏显示在计划的主界面中。插入栏目的操作前面已讲，在此不再赘述。

(2)文字及日期的优化

● 工期中，天数(days)占的空间较大，可以使用缩写来代替，具体做法如下：

a.在菜单栏选择 Tool(工具)命令，待子菜单弹出，选择 Options(选项)子命令，弹出 Options(选项)综选框。

b.选择 Edit(编辑)子页，在下面的 Days(d)行所对应的框内点击下拉菜单；选择 d。

c.点击 OK。则所有以 Days(d)出现的单词都变成缩写。

● 日期的格式也是在 Options(选项)综选框内进行，只是点击 View(视图)子页，然后在 Date Format(日期格式)的框内点击下拉菜单进行选择即可。

● 字体的变化可以通过工具栏上的相关字体图标进行修改，也可以通过菜单命令进行统一修改，具体做法如下：

a.在主菜单栏选择 Format(格式)命令，待子菜单弹出，选择 Text Styles(文本式样)子命令，弹出 Text Styles(文本式样)对话框。

b. 在框内第一行 Item to Change（改变哪项）中点击下拉菜单，选择你要改变的那项内容，比如我们要将所有的关键任务的名称都改成红色。

c.选择下面 Color(颜色)框，点击下拉菜单选择红色，见图 4-7。

d.点击 OK，则所有关键任务的名称都将变成醒目的红色。不过通常情况下字体还是用黑色看起来舒服，有右边的横道条呈红色就可以起到警示作用了，我们还是再换回来吧。

(3)标题和注脚

和 Microsoft 等其他办公软件一样，MS Project 对标题和注脚的加入及修改几乎一样：

a.在菜单栏选择 File(文件)命令，待子菜单弹出，选择 Page Setup(页面设置)子命令，弹出 Page Setup(页面设置)综选框。

b.点击 Header(标题)子页，在中心位置写下标题：××工厂建设总计划，并使用下面一排的字体设置按钮设定标题字体的大小及黑体。

c.点击 Legend(图例)子页，选择下面的左页，发现软件默认文件计划名称为项目名称，将其改为：××工厂项目，字体可改为宋体，否则显大。

d.下面的日期为默认当天日期，可改为制订计划的固定日期，如“2008-6-15”。

e.点击 Footer(页码)子页，发现软件已经默认设置好了，就不改了。

f.点击 Page(页)子页，在此调整显示的大小，默认为 100%；同时可选择打印纸张的类型，默认为 A4。

g.逐项完成各项设置后，点击 OK。

h.为了看到修改后全貌，点击工具栏上的 Print Preview(打印预览)图标，如图 4-8 所示。

(4)图例的删减和文字说明的修改

图 4-8 就是我们即将打印出来的计划原图，但我们看到，在下面的图例显示区，一是图例太多，有很多我们未用的图例也列在上面，占用了很多空间。二是需要将图例的名称由英文改为中文，因此我们还有最后一项优化工作必须做：

a.回到工厂计划的主界面 Gantt Chart(甘特图)中，在横道图区任一空白处，双击左键，弹出 Bar

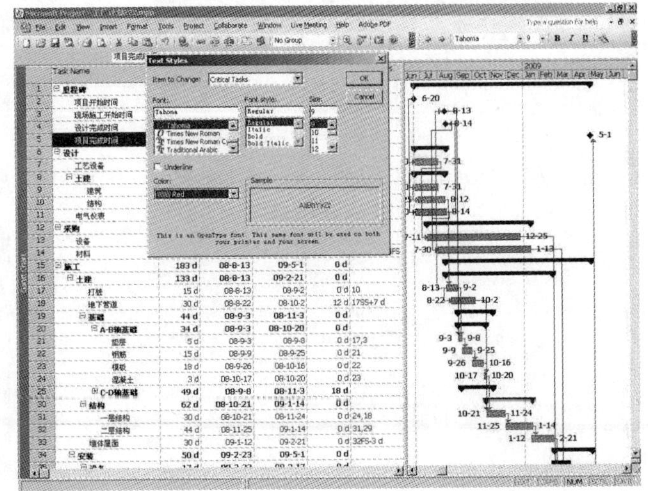

图4-7

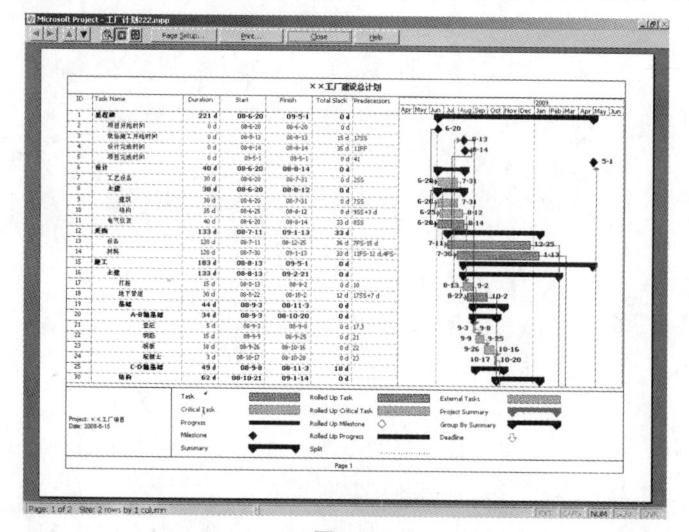

图4-8

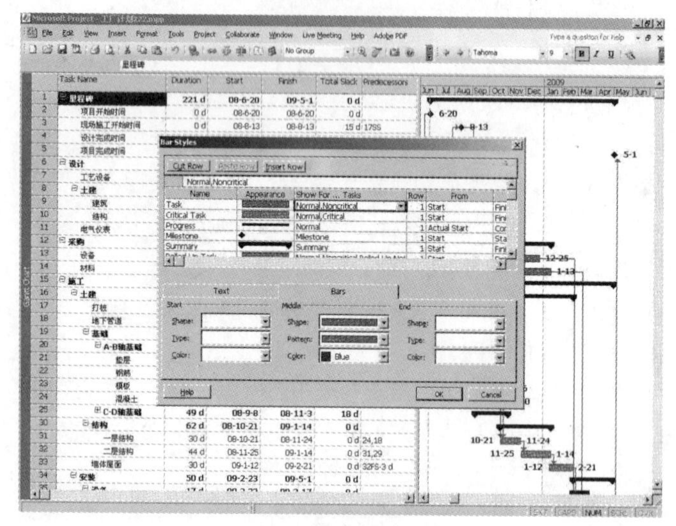

图4-9

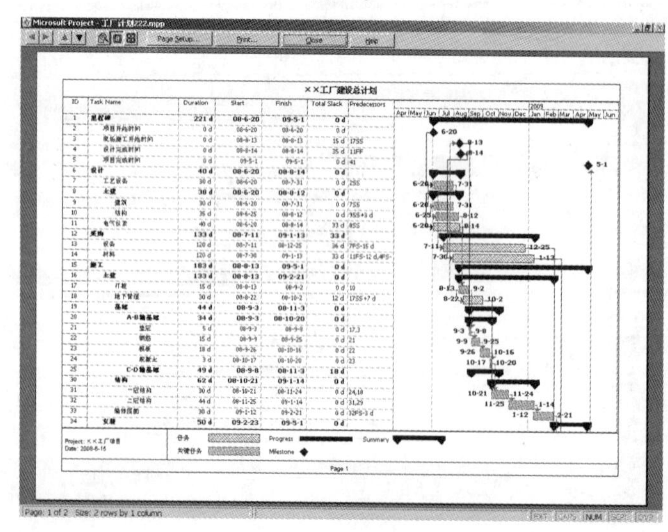

图4-10

Styles(横道式样)对话框,如图 4-9 所示。

b.该对话框用来对横道进行设置、定义及修改,现在我们将光标移至图例名称栏中的第一行,点击 Task(任务)项,在它上面的修改条内,将 Task 改为汉字“任务”。

c.当光标点在任务行时,我们看下面的选项,我们可以选择 Bars(横道)子页,然后在 Pattern (图案) 选项框中点击下拉菜单,选择一项带斜纹的横道,让实心的任务横道变成斜纹心的。

d.完成以上操作后,我们发现任务栏的右边 Appearance(外观)已变成斜纹的横道了。再往右,是 Show for ……Task(显示为某某类型任务),该设定为默认设置,在此我们就不管了,除非我们想改变它。

e. 完成任务行后, 往下是 Critical Task (关键任务),除了将名称改为汉字外,其他的就不动了。

f. 依次将名称 Progress, Milestone,Summary 改为进度、里程碑、汇总任务。

g. 点击框内最右边的滑标, 将 Summary (汇总任务)以下所有的图例名称显示出来。

h.逐一选中 Summary(汇总任务)以下的图例名称, 然后点击上面的 Cut Row (删除行)按钮将这些未用的图标一一删除。

i.点击 OK,精简后的预览图详见图 4-10 所示。

当然以上操作可以根据具体情况多用图例或少用图例。我们也可以通过主菜单 Format (格式) 命令中子命令得到 Bar Styles(横道式样)对话框。这是一个很常用的对话框,我们还可以对横道(Bars)左右的文本(Text)进行修改,大家可以试试,具体方法是:

◆ 弹出 Bar Styles(横道式样)对话框后,选择下方的 Text(文本)子页。

◆ 对应 Text (文本), 下面有四行文字:Left (左)、Right (右)、Top (上)、Bottom (下), 这些方向性的文字是针对横道图的, 意思是在它的四周,我们可以加上特定的说明,比如时间或资源名称等。(下转 104 页)